一起炫耀，
今天運動了
Go Exercise！

國際超模、明星私人教練

李霄雪————著

國際超模、明星私人教練

李霄雪———

著

推薦序

徒手健身運動，是現代人必備

感謝幸福文化的邀約，讓我可以為這本國際超模寫的《一起炫耀，今天運動了》健身書寫序。

我是個1歲多小孩（小浩克）的爸爸，健身資歷已經15年，以前常聽有孩子的朋友說：「等到你有了小孩後，就會沒有時間去健身房運動！」諸如此類的警告。一開始我總覺得那些都是偷懶不健身的藉口，但是等到我自己真的成為一個名符其實的爸爸後，我才發現：「這一切都是真的！原來，朋友們真的沒有騙我」。

在工作與家庭兩頭燒的情況下，很多時候，我必須一直跟時間賽跑，想做的事經常沒時間做，生活的優先順序一直被打亂！這幾年我也總是不斷思考著，現代人都非常忙碌，到底要怎麼樣可以讓那些下班後沒有時間去健身房的人，也能有機會達到運動效果。

我想要能有更充分的時間陪伴兒子小浩克成長，同時，也希望可以繼續鍛鍊自己的身體！所以在必須要工作，也很想陪伴家人的情況下，我開始研究親子健身。

因為工作的關係，我必須經常出差，有時候出差的地方不見得會有健身房，但我每天都有運動的習慣，就算沒有健身房我也想持續運動，所以，我也自我學習

如何能有限的空間內，或是找到方便攜帶的器材，設計出隨時隨地可進行的健身課程，讓我在出差時也能保持訓練，不會因為沒有健身房的關係就必須中止每天的運動計畫！

　　閱讀這本書時，我發現這本書所分享的健身動作，也都是以自身的體重與手邊隨手可得的啞鈴，完成訓練內容！還分五個時期：啟動期、燃脂期、強燃脂期、雕塑期、體態調整期等不同等級的動作層次，讓大家可以循序漸進，慢慢適應運動強度。讓大家在家也可以徒手健身，內容相當實用！

　　希望各位讀者看完這本書後，都可以找到愛上健身的動力，並且透過行動，徹底改造自己！

明星健身教練 浩克爸爸

前言

大家好，我是Cindy李霄雪。

我曾經是一名職業超模，在模特圈奮鬥10年，也曾拿過許多大獎，走了更多的是國際時裝大秀，一步一步，在模特兒之路上實現了剛出道時的夢想。

以往，我憑藉著天生身材比例好的優勢，很少用運動或是健身來維持身材或雕塑線條，但是還是必須靠節食來「保持身材」，讓自己瘦成了名副其實的「衣架子」。

可是，「節食」這種極端的方法，讓身體付出了慘痛的代價，讓我失眠、月經不調、營養不良、經常低血糖，也整天渾身無力，甚至常在後臺突然暈倒，嚴重影響了工作狀態和生活品質。在暈倒的瞬間，我才真正意識到如果就這麼一直餓下去會非常危險，這才促使我下定決心改變，開始上健身房訓練！

我幾乎是「從零開始學健身」的，萬事起頭難，一開始真的不如想像來容易，不僅要學習並熟練每一個動作的正確姿勢，還要知道如何選擇正確的食物，尤其是對於我這種長期節食的人來說，經常誤入禁區。

因為我長時間都沒有運動，所以剛開始訓練時總會體力不支、盜汗，當時我屢屢和教練、家人抱怨訓練太難、太辛苦，但教練跟家人並沒有縱容我放棄，反而和我說：「那妳覺得做什麼容易呢？輕易得來的東西都不會持久，半途而廢就等於沒有開始」。

聽了這番話我才自我反省，在這麼多年的模特兒生涯裡，遇到的困難也是一接一波，不也一樣順利過關了嗎？於是，我也就這樣一天、一周、一個月地堅持

了。突然有一天，當我早上起床照鏡子時，看到腹部緊實了，還隱隱約約地看到了線條，我開心地大叫，母親還以為我瘋了。

　　自從看到了自己身體的變化，我便開始有了更多動力。從強迫自己每天堅持健身，到慢慢愛上健身，直到現在完全將健身融入生活。這個過程不是一蹴而就的，而是每天一點一點積累的結果。

　　「健身」帶來的改變不僅是生活方式，更改變了我對美的觀點，以前我認為瘦到極致就是美，但現在我更懂得欣賞肌肉的線條感。更重要的是，健身完全導正了我的不良飲食習慣。從多年的節食，調整到現在一日三餐的健康飲食，每天攝取新鮮的水果、蔬菜，以及高蛋白、低脂肪的肉類、海鮮類、乳製品等，營養全面且均衡。現在，因為我已經成功養成了「易瘦體質」，偶爾大魚大肉放肆一頓，身材和體重也不會有多大變化。

　　健身不只改變了身材和體重，也導正我的生活作息。早睡早起讓我的體力和精神、顏值、氣色、狀態都更好了，每一天都感到更快樂，樂於享受美食、享受訓練、享受當下的生活。這種喜悅和積極的滿滿正能量是以前從來沒有過的，我非常興奮，很想立刻分享給更多的朋友。

　　所以我才毅然決然地離開模特兒圈，選擇做一名超模教練，幫助更多人體會健身的美好，我希望藉由我的經驗，可以幫助那些和我一樣曾有錯誤觀念和習慣的人，幫助他們避開一些不必要的彎路，期待能帶身邊的人更多的正能量。

　　現在超模教練的工作比當模特兒時更難更累，幾乎沒有自己的休閒生活，每天都在健身房上課，時時刻刻監管、調整會員們的飲食和訓練計畫，一直處於一種

緊張的工作狀態。但是這樣沒有停歇的狀態卻讓我更加享受，因為每每看到會員透過健身得到蛻變，就感到很欣慰，也很有成就感。看到他們對自己的身材越來越滿意的笑容，比我自己瘦下來還要開心一萬倍！

健身是一種修行，改變的不僅是外在體型，更多的是我們的內心。健身改變了我，改變了我看待事物的角度和心理，當我遇到問題不再抱怨環境、埋怨別人，而是想盡辦法，盡自己最大努力去解決。

訓練很簡單，妳需要做的就是「每天堅持」；訓練也很難，因為要靠自己的悟性悟出其中的人生道理。希望這本書可以幫助更多人開始健身，甚至可以將健身融入自己的生活，因為它真的會把妳變得更好。

健身，什麼時候開始都不晚，變美，也什麼時候開始都不晚，重要的是：要開始、要堅持！

這世界上有很多奢侈品，但最昂貴的就是妳自己的身體！希望妳能跟我一起動起來，加油！

（特別說明，本書的不同課程中有部分動作重複，為了方便讀者使用和維持課程的連貫性，動作描述不做省略，請按照順序執行。）

李霄雪

Contents
目錄

P1 啟動期
ACTIVATION PERIOD

P2 燃脂期
FAT BURNING PERIOD

P3 強燃脂期
BEST FAT BURNING PERIOD

P4 雕塑期
DEVELOPMENT PERIOD

P5 調整體態
PROMOTION PERIOD

啟動期
ACTIVATION
PERIOD

喚醒身體
神經控制
心肺訓練

啟動期
喚醒身體

Part
訓練意義

「減肥」永遠是每個女生的現在進行式，為什麼絕大多數的女孩都永遠在減肥，但卻永遠都在失敗呢？這是因為減肥這條路上實在是太多陷阱了，例如，為了擁有完美的小蠻腰、蜜桃臀還有修長的腿，很多女生就開始每天狂練特定部位，但是卻收效甚微，其實許多人都不知道，必須要全身減脂成功了，妳的雕塑效果才會明顯。

例如，若妳想練出馬甲線，就必須等到全身的體脂率都降低後，腹部的線條才會比較明顯，體脂高的人，就算努力鍛鍊腹部也很難練出馬甲線，降低體脂後再做一些腹部的雕塑，才能成功增加肌肉的分離度，讓你的腹部肌肉看上去更清楚，線條也更好看。如果你在脂肪很厚的情況下就先去練腹，那你練一萬個仰臥起坐也是做不出馬甲線的，這是因為腹部的肌肉面積比較小，消耗不了多少熱量。

所以我在這本書中設計的整套課程裡，「減脂」和「雕塑」必須一起同步訓練。課程一共分為5個階段，我們用power 1到power 5來代表訓練的力度進階，本書中簡稱 P1 到 P5。

第一階段 P1，就是全身啟動，目的是讓你全身的主要大肌肉群都活躍起來，增加各關節的靈活性，讓身體開始進入一個良好的狀態。等你的運動神經比較敏感的時候，我們再啟動 P2、P3、P4 的雕塑訓練。後面這3個階段我會帶你在全身減脂的同時突擊局部肌肉，提高雕塑效果。最後的 P5 階段會幫你解決大部分女生都會有的體態問題。

這套訓練計畫全年都適用，在變美的同時，我更期待你能藉由這個訓練計畫，培養出科學又健康的運動習慣。

總之，不管你之前有過多少次失敗的瘦身經歷，這次跟著我一起動起來，在最美的年紀展現出最自信的自己吧！

Part 2 訓練任務

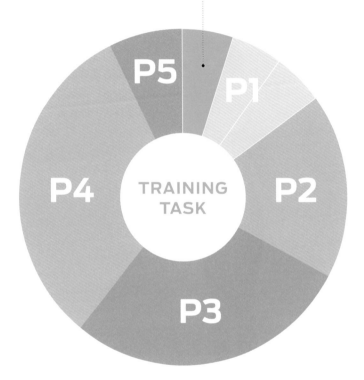

P1
- ■ 喚醒身體
- □ 神經控制
- □ 心肺訓練

P2
- □ 臀腿、腰腹初燃脂
- □ 胸、手臂、腰腹初燃脂
- □ 肩背、腰腹初燃脂

P3
- □ 肩背、腰腹強燃脂
- □ 胸、手臂、腰腹強燃脂
- □ 臀腿、腰腹強燃脂
- □ HIIT 全身燃脂

P4
- □ 肩背、腰腹雕塑
- □ 胸、手臂、腰腹強雕塑
- □ 臀腿、腰腹雕塑
- □ 核心肌群鍛鍊

P5
- □ 體態調整，改變彎腰駝背、
  骨盆前傾的問題

！禁忌人群

1　老年人（年齡大於65歲）、孕婦、殘疾人

2　患有糖尿病、心腦血管疾病、肺部疾病以及其他新陳代謝疾病的人群

3　患有骨科傷病且尚未痊癒的人群

Motor Training
動作訓練

每組動作 重複次數	需做 幾組	每組 間歇
15次	3組	45秒

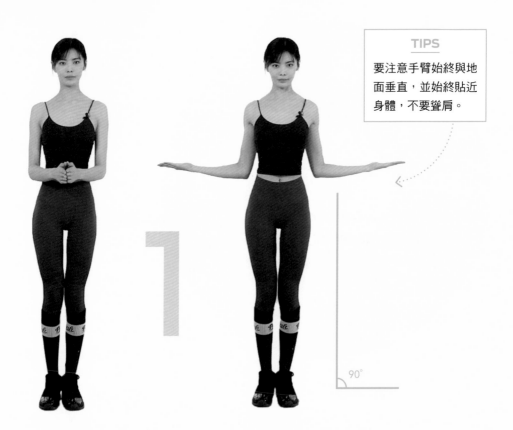

TIPS

要注意手臂始終與地面垂直，並始終貼近身體，不要聳肩。

90°

1

徒手肩外旋

→ 身體保持直立，保持腹部收緊。

→ 上臂保持與地面垂直，肘關節彎曲至90°，下手臂向外打開。

→ 向外旋轉的時候節奏是1、2、3、4，直到旋轉至極限後，再向內轉回，直至雙手碰在一起。

頸後上推舉

→ 身體保持收腹挺胸的站立姿勢，將雙手
上舉過頭頂，手掌向前，手臂與身體保
持在同一條直線上。

→ 吐氣，雙臂彎曲並同時下滑，過程中注意
要沉肩，兩側肩胛骨向中間收緊。在手
臂下滑的過程中，兩個手掌心始終向前。

→ 肩胛骨收緊後，再將兩個手臂按照原來
的下滑軌跡向上伸直。

> **TIPS**
>
> 保持一定節奏，不要
> 過快，動作要做完
> 整，手臂一定要下沉
> 到肩胛骨完全收緊的
> 位置。

3

跪姿俯撐髖外旋

→ 俯身跪姿，手肘和前臂支撐地面，膝蓋支撐，身體保持中立，腹部收
緊，身體和頭部自然伸直。

→ 單側的膝蓋向外側打開直到極限，注意節奏，1、2、3、4之後，收
回膝蓋，往另一個膝蓋併攏，兩腿接觸後重複下一次動作。

傾斜伏地挺身

→ 雙手打開的距離略寬於肩寬，雙手手指張開撐住在櫃子或椅子上。挺胸收腹、沉肩，雙腿及雙腳併攏，身體傾斜成一條直線。

→ 吸氣時彎屈肘部，身體向下，讓胸部輕碰到櫃子。

→ 胸部輕輕碰到櫃子後，在邊吐氣邊將身體推回至原先的位置，此為一次動作。

> **TIPS**
>
> 手掌放在胸部兩側，身體向下的時候要肘關節要低於肩關節，這才是胸部發力的正確伏地挺身姿勢。

> **!** 標準的伏地挺身應該是在地面完成的，但由於我們從零基礎開始學起，所以我們調高角度在櫃子或桌子、椅子上完成，這樣可以降低難度。

徒手深蹲

→ 身體保持收腹挺胸的站立，兩腳後跟距離與肩同寬，兩腳尖打開呈45°，雙手前平舉，手背朝上。

→ 吸氣，彎曲髖部，身體向下，同時彎曲膝蓋深蹲，膝關節朝兩個腳尖的方向打開，向下蹲的過程中，腰背要挺直，臀部蹲至與膝關節同一水平線即可。

→ 一邊吐氣，一邊按照下蹲原軌跡起身站直，臀部與腹部同時收緊。

TIPS

注意雙眼直視前方，腰部要挺直，不要弓背或塌腰。

TIPS

注意不能塌腰

Burpee 跳

→ 身體從站直姿勢往下蹲，兩手的距離與肩同寬，手掌撐地。

→ 兩腳往後蹬，直到身體及腿部成一條直線，腹部收緊，臀部收緊。

→ 收腿時，屈膝，雙腳向前跳躍，前腳掌落地，等落地之後，手離開地
　面，身體向上跳起，騰空時雙手在頭部後方擊掌。

7

箭步蹲

→ 兩腳後跟距離與肩同寬，兩腳尖朝向正前方，身體保持收腹挺胸的站立姿態。

→ 雙手叉腰，將一隻腳向前邁一步的同時，吸氣，雙腿均屈膝至90°。

→ 前側的小腿與地面垂直，膝關節不能超過腳尖，注意上半身要保持身體直立。

→ 起身收腿後，吐氣，並換另一條腿交替進行同樣的動作。

徒手砍樹

→ 自然站立，兩腳距離大於肩寬，兩腳尖朝前，雙手自然下垂，並將手指交叉放於身體前側。

→ 身體做側弓步的姿勢，將上半身向左側扭轉時，將手指交叉的雙手放於左側小腿的外側中間的位置，此時左側小腿被動屈膝。

→ 雙手互握，從身體前側向斜上方伸展，在雙手伸展的過程中眼睛盯著雙手，上半身隨雙手伸展的軌跡一起從左下往向右側上方扭轉，注意上半身向右扭轉的時候要收緊腹部。

→ 雙手按照原軌跡帶回至左側小腿的外側中間位置。

TIPS

動作時可以想像面前有一棵樹，妳手裡拿著斧頭砍樹的樣子。

TIPS

做側弓步時，臀部要向後方，而不是向下方蹲，左側膝蓋不能超過左側腳尖，要感覺左側的臀部與大腿後側有拉伸感才是正確的，右側的腿保持伸直。

! 左側的組次全部完成後，進行右側砍樹式的訓練動作。

TIPS

起身時，收下顎，
眼睛看肚臍的位置。

9

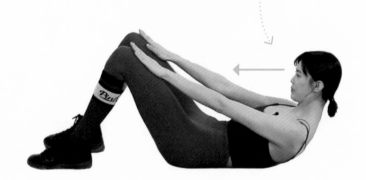

仰臥卷腹

→ 仰臥在墊子上，雙腿屈膝，兩腳掌踩地，將雙手放在大腿上。

→ 起身時，收下顎，眼睛看肚臍的位置，吐氣的同時，蜷縮腹部，將肩
胛骨離開地面即可。注意吐氣要緩緩吐長氣，感受到已經把腹腔裡面
的空氣完全吐出，然後再緩緩躺回地面。

→ 身體微微碰到地面就開始進行第二次捲腹，依次反覆進行。

訓練進度 5%

如果想達到更好更快的瘦身
效果,建議可以把每個動作

3組 ——→ **4**組

以增加強度。

Keep Fit With Exercise!

不管你之前有過多少次失敗的瘦身經歷,這次跟著我一起動起來,
在最美的年紀展現出最自信的自己吧!

Part 3 小結&預告

好了，我們今天的訓練就到這裡了，你堅持著做完了嗎？如果完成了，我要給你按個大大的讚，這代表明你身體的本質不錯，要繼續加油喔！如果你沒堅持下來，也別灰心，下節課還是繼續跟著我練習，慢慢就會進步的。

特別提醒零基礎的朋友，突然的大運動量肯定會讓你第二天有渾身酸痛的感覺，別擔心，這是正常現象。因為今天的運動破壞了你的一些肌肉纖維，所以身體會產生一些代謝物——「乳酸」。乳酸堆積在身體中，產生酸痛感，所以運動完我們可以進行一些伸展運動，像是慢步走、散步，或是蒸熱氣、泡熱水澡等，用這些讓身體發熱的方式，來幫助身體排除乳酸，這樣身體會舒爽許多。

請注意，如果你越怕酸痛而越不想動，將會越酸痛喔！這個時候一定要讓自己動起來，等乳酸排出後就會舒緩了。除了運動，還要飲食營養均衡，本書每節課我都為你準備了一份簡單易學的增肌減脂餐，這是我平常自己運動後常吃的餐食，你可以直接照著做做看。

下一節課我將帶著你進行運動「神經控制」訓練，繼續啟動身體，如果你能跟著我一步一步練習，從體重到身形一定會有非常明顯的變化，所以一定要堅持哦！

Part 4 課後彩蛋

增肌減脂菜單

早餐		●全麥麵包(1片半) ●水煮蛋1顆+蛋白1顆(煮或蒸) ●脫脂牛奶200ml(1杯)
 **午餐**		●米飯1小碗(約1個握緊的拳頭大小) ●牛排(蒸、煮、烤、煎均可) ●各類蔬菜1盤(蒸、煮、烤、炒均可，料理時不要加入超過1大匙油脂) ●小蘋果1個(約100g)
晚餐		●米飯100g(約2/3個拳頭大小) ●烤雞胸肉100g(約1個手掌心大小、一節手指頭厚度) ●蔬菜1盤(蒸、煮、烤、炒均可，料理時不要加入超過1大匙油脂) ●無糖豆漿100ml(1/2杯)

Part
訓練意義

上一個章節我們用幾個簡單的徒手訓練，啟動了全身的主要大肌肉群，增加了各關節的靈活性，漸漸把身體調整到一種健康的狀態。

所以這個章節，我們將進入 P1 啟動期的肌肉「神經控制」訓練。

什麼是「肌肉神經控制」？顧名思義，就是我們的神經系統對於肌肉的控制能力。

例如：我們要打羽毛球，需要動用全身各個肌肉群進行協調來發力。這時候大腦的神經系統會下達肌肉神經系統一個指令，肌肉神經系統收到這個指令後，就開始協調各部位肌肉來配合身體整體的發力。所以發力多少，怎麼發力，其實都是由神經系統來安排的。

通常肌肉神經控制能力好的人，身手會比較敏捷，而且思維也比較活躍，像我們常說的「鬼靈精」。

現在妳知道「神經控制」的重要性了吧？那就開始今天的訓練吧。

Part
訓練任務

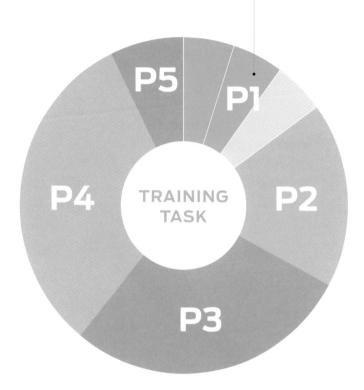

TRAINING TASK

P1
- □ 心肺訓練
- ■ 神經控制
- □ 喚醒身體

P2
- □ 臀腿、腰腹初燃脂
- □ 胸、手臂、腰腹初燃脂
- □ 肩背、腰腹初燃脂

P3
- □ 肩背、腰腹強燃脂
- □ 胸、手臂、腰腹強燃脂
- □ 臀腿、腰腹強燃脂
- □ HIIT 全身燃脂

P4
- □ 肩背、腰腹雕塑
- □ 胸、手臂、腰腹強雕塑
- □ 臀腿、腰腹雕塑
- □ 核心肌群鍛鍊

P5
- □ 體態調整，改變彎腰駝背、
  骨盆前傾的問題

❗ 禁忌人群

1　老年人（年齡大於65歲）、孕婦、殘疾人

2　患有糖尿病、心腦血管疾病、肺部疾病以及其他新陳代謝疾病的人群

3　患有骨科傷病且尚未痊癒的人群

4　其他醫囑建議不適合運動的人群

Motor Training
動作訓練

每組動作 重複次數	需做 幾組	每組 間歇
15次	3組	45秒

1

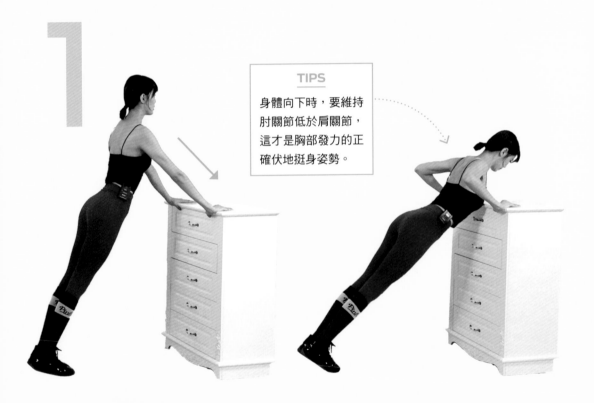

> **TIPS**
>
> 身體向下時，要維持肘關節低於肩關節，這才是胸部發力的正確伏地挺身姿勢。

傾斜伏地挺身

→ 雙手打開，距離略寬於肩寬，雙手手指張開，撐住衣櫃或是桌子。挺胸收腹、沉肩，雙腿及雙腳併攏，身體傾斜成一條直線。

→ 吸氣，手肘彎曲且身體向下，手掌放於胸部兩側，胸部可輕碰到桌邊。

→ 胸部輕碰到桌子邊後，再一邊吐氣一邊將身體推回至原先的起始位置。

徒手深蹲

→ 身體收腹挺胸站立，兩腳後腳跟打開與肩同寬，兩腳尖打開呈45°，雙手上抬到前平舉，手背朝上。

→ 吸氣，髖部往下沉，身體向下時彎屈膝蓋，膝關節朝兩邊腳尖方向打開，向下蹲時，腰、背部要挺直，將臀部蹲至與膝關節維持同一高度水平線即可。

→ 邊吐氣邊起身站回原來站姿，臀部與腹部同時收緊。

TIPS

注意雙眼直視前方，腰部要挺直，不要弓背或塌腰。

臀橋運動

→ 仰臥在墊子上，雙腿屈膝，將雙腳的腳尖抬起，腳後跟著地，兩腳尖
打開呈45°。兩腳膝蓋朝腳尖的方向打開，雙手放在骨盆上方。

→ 吐氣，將臀部向上方頂起，至與身體成一條直線並收緊，一邊吐長
氣，且收緊腹部，感覺把腹腔裡的氣全部吐出來。

→ 再慢慢將臀部下沉，回到墊上的起始位置。重複進行。

Burpee 跳

→ 身體從站直姿勢往下蹲,兩手的距離與肩同寬,手掌撐地。

→ 兩腳往後蹬,直到身體及腿部成一條直線,腹部收緊,臀部收緊。

→ 收腿時,屈膝,雙腳向前跳躍,前腳掌落地,等落地之後,手離開地
面,身體向上跳起,騰空時雙手在頭部後方擊掌。

TIPS

注意不能塌腰

箭步蹲

→ 兩腳後跟距離與肩同寬，兩腳尖朝向正前方，身體保持收腹挺胸的站立姿態。

→ 雙手叉腰，將一隻腳向前邁一步的同時，吸氣，雙腿均屈膝至90°。

→ 前側的小腿與地面垂直，膝關節不能超過腳尖，注意上半身要保持身體直立。

→ 起身收腿後，吐氣，並換另一條腿交替進行同樣的動作。

徒手砍樹

→ 自然站立,兩腳距離大於肩寬,兩腳尖朝前,雙手自然下垂,並將手指交叉放於身體前側。

→ 身體做側弓步的姿勢,將上半身向左側扭轉時,將手指交叉的雙手放於左側小腿的外側中間的位置,此時左側小腿被動屈膝。

→ 雙手互握,從身體前側向斜上方伸展,在雙手伸展的過程中眼睛盯著雙手,上半身隨雙手伸展的軌跡一起從左下往向右側上方扭轉,注意上半身向右扭轉的時候要收緊腹部。

→ 雙手按照原軌跡帶回至左側小腿的外側中間位置。

TIPS

動作時可以想像面前有一棵樹,妳手裡拿著斧頭砍樹的樣子。

TIPS

做側弓步時,臀部要向後方,而不是向下方蹲,左側膝蓋不能超過左側腳尖,要感覺左側的臀部與大腿後側有拉伸感才是正確的,右側的腿保持伸直。

! 左側的組次全部完成後,進行右側砍樹式的訓練動作。

俯臥兩頭起

→ 身體俯臥在墊子上，兩手向頭頂的方向伸直，手背朝上，兩腿伸直，
   腳背伸直，腳尖貼地。

→ 將身體兩端向上抬起，雙手及雙腳離開地面，頭部隨上半身一起抬
   起，眼睛看向前方。

→ 此時臀部及腰部收緊，再將身體兩端慢慢放回墊上的起始位置。

仰臥對側卷腹

→ 仰臥在墊子上，雙腿屈膝，雙腳掌落地，雙手放於兩側耳後。

→ 吐氣做側身仰臥起坐，將右側的手肘向左側的膝蓋方向蜷縮，腹部在
　 收縮的同時加一點點扭轉。收縮的高度為肩胛骨離開地面即可。

→ 再將身體慢慢還原至起始位置，然後換另一側重複訓練動作。

訓練進度　　　　　　　　　　　　　　　　　　　　10%

Part 3
小結&預告

好了，今天的訓練就到這裡了，妳也完整堅持做完了嗎？如果妳做完還是感到體力充沛的話，我建議可以再增加30分鐘的跑步，那樣會對於減脂訓練更有幫助！如果沒做完也沒關係，繼續跟著我進行下一次的訓練，改變總會看得見的。

下節課是我們P1啟動期的最後一次訓練——「心肺訓練」，我將繼續帶妳啟動身體，讓妳的精神狀態更加飽滿，看起來更有活力，更重要的是，妳已經在成功減脂的路上了，別放棄哦。

對了，要提醒大家一件事，下節課開始我們的訓練就要用到啞鈴囉，如果沒有啞鈴，用兩瓶礦泉水代替也行，當然我還是建議妳買一對啞鈴，那樣訓練效果更佳。

Part 4
課後彩蛋

增肌減脂菜單

早餐	●五穀粥半碗（可加入小米、紫米、糙米等五穀雜糧）●水煮蛋1顆＋蛋白1顆（煮或蒸）●脫脂優酪乳100ml（半杯）
午餐	●紫地瓜100g（烤、蒸均可，約1個拳頭大小）●烤鱈魚150g（約1個拳頭大小，1個指節厚度）●各類蔬菜1盤（蒸、煮、烤、炒均可，料理時不要加入超過1大匙油脂）●小橘子150g（約1個拳頭大小）
晚餐	●蒸南瓜1碗（約2/3個拳頭大小）●水煮蝦100g（約8-10隻）●蔬菜1盤（蒸、煮、烤、炒均可，料理時不要加入超過1大匙油脂）●脫脂牛奶100ml（1/2杯）

啟動期
心肺訓練

Part
訓練意義

　　我們將進入P1啟動期的最後一次訓練──「心肺功能訓練」。

　　如果妳問健身者或是健身教練哪一種訓練最為紓壓，他們一定會告訴妳，不是練手臂，也不是練腹肌，而是心肺訓練。

　　因為它的訓練強度和力度都比較大，練完保證讓妳汗流浹背，絕對紓壓。

　　同時，心肺訓練帶給身體的優點非常顯著。
　　第一點，練心肺運動有益於我們的心血管健康，增強心肺功能。所謂的「心肺功能」可以簡單地理解為：人體心臟泵血及肺部吸入氧氣的能力，它影響著我們身體的臟器和肌肉，所以心肺訓練是建立體能的基礎，對我們的身體健康來說非常重要。

　　第二點，它對於減脂雕塑具有速效。心肺訓練可以提高妳的心肺訓練能力，等妳體力增進之後，就為後期的高強度訓練打好了基礎，絕對幫助妳燃脂雕塑。

　　現在妳意識到心肺訓練的重要性了吧？那麼，我們開始訓練吧！

Part 2
訓練任務

P1
- ☐ 喚醒身體
- ☐ 神經控制
- ■ 心肺訓練

P2
- ☐ 臀腿、腰腹初燃脂
- ☐ 胸、手臂、腰腹初燃脂
- ☐ 肩背、腰腹初燃脂

P3
- ☐ 肩背、腰腹強燃脂
- ☐ 胸、手臂、腰腹強燃脂
- ☐ 臀腿、腰腹強燃脂
- ☐ HIIT 全身燃脂

P4
- ☐ 肩背、腰腹雕塑
- ☐ 胸、手臂、腰腹強雕塑
- ☐ 臀腿、腰腹雕塑
- ☐ 核心肌群鍛鍊

P5
- ☐ 體態調整，改變彎腰駝背、
  骨盆前傾的問題

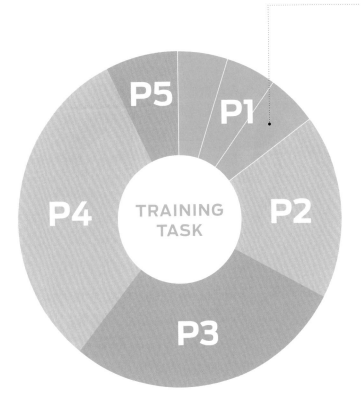

TRAINING TASK
P1 P2 P3 P4 P5

❗ 禁忌人群

1 老年人（年齡大於65歲）、孕婦、殘疾人
2 患有糖尿病、心腦血管疾病、肺部疾病以及其他新陳代謝疾病的人群
3 患有骨科傷病且尚未痊癒的人群
4 其他醫囑建議不適合運動的人群

每組動作 重複次數	需做 幾組	每組 間歇
15次	3組	45秒

啞鈴訓練運動

→ 第一步先做「正面弓箭步」。雙手持啞鈴,保持身體收腹挺胸的站立姿態,兩腳併攏,腳尖向正前方。將左腳先往斜前方邁開一步。注意,這是為了保持身體平衡。此時,吸氣,雙腿屈膝至90°,前側的小腿與地面垂直,膝關節不能超過腳尖。將上半身往前傾,讓胸部儘量靠近大腿前側,雙臂垂直,雙手持啞鈴放置在前側腳尖的位置,起身收腿後,吐氣,換另一條腿交替進行同樣的動作。

→ 接下來進行「側弓步」的動作。先兩腳併攏,左側的腳向左側邁開一步,差不多一個肩寬的距離,並保持左腳的腳尖朝前。

身體下彎,注意臀部向後方,而不是向下蹲,膝蓋不能超過腳尖,雙臂垂直,雙手持啞鈴放置在左側腳的內外兩側,這時候應該會感覺到左側臀部與左側大腿後側有拉伸感。然後起身,收腿,站直,進行另一側相同的動作。

→ 最後做「啞鈴後向弓箭步」的訓練動作。將左腳向斜後方45°邁出,同時身體也隨著往左腳尖的方向扭轉,注意右腳保持朝前,固定不要移動。將身體的上半身向下俯身,持啞鈴的雙手放置在左腳腳尖的兩側。然後起身,邊吐氣,邊收腿將兩腿併攏。左側完成後進行右側的相同的訓練動作。

手持啞鈴深蹲

→ 身體收腹挺胸的站立，兩腳後腳跟打開，距離與肩同寬，兩腳腳尖打開呈45°，用雙手托住啞鈴放在胸口的位置。

→ 先吸氣深蹲，身體往下沉的同時，彎曲膝蓋，兩側膝蓋分別朝兩個腳尖的方向打開，在向下蹲的過程中，腰背挺直，心裡默念1、2、3、4，將臀部蹲至略低於膝蓋的位置即可。吐氣起身，反覆進行。站直後，將臀部與腹部同時收緊。

TIPS

注意雙眼直視前方，腰部挺直，不要弓背或塌腰，在做手持啞鈴深蹲的時候，啞鈴要在胸口的位置保持不動。

3

TIPS

身體向下時，要維持肘關節低於肩關節，這才是胸部發力的正確伏地挺身姿勢。

傾斜伏地挺身

→ 雙手打開，距離略寬於肩寬，雙手手指張開，撐住衣櫃或是桌子。挺胸收腹、沉肩，雙腿及雙腳併攏，身體傾斜成一條直線。

→ 吸氣，手肘彎曲且身體向下，手掌放於胸部兩側，胸部可輕碰到桌邊。

→ 胸部輕碰到桌子邊後，再一邊吐氣一邊將身體推回至原先的起始位置。

深蹲肩上舉

→ 兩腳後腳跟打開，距離與肩同寬，兩腳腳尖打開呈45°，左右手各持
一只啞鈴，並將啞鈴托舉到肩膀的位置。

→ 先做深蹲，吸氣，髖部下沉，身體向下時彎屈膝蓋，兩側膝蓋分別朝
兩腳尖的方向打開；向下蹲時要注意腰背挺直，心裡默念1、2、3、
4，將臀部蹲至略低於膝蓋的位置即可。

→ 吐氣起身，臀部與腹部收緊，把放在肩部的啞鈴向上推舉至過頭頂，
手臂伸直之後再將啞鈴按照上舉的原軌跡放回至肩部，再進行第二次
深蹲。

TIPS

注意雙眼直視前方，
腰部挺直，不要弓背
或塌腰，在做啞鈴上
舉的時候，臀部和腹
部要保持收緊的狀態。

訓練進度

15%

Keep Fit With Exercise!

請動起來吧～有目標，並賦予行動，
你也可以成為別人眼中，羨慕的那個人。

Part 3
小結&預告

這次的訓練就到這裡了，妳現在是不是滿頭大汗，感覺身體被掏空了？

除了心肺訓練之外，我建議大家還可以增加做一些有氧運動，像是快走、慢跑、游泳、跳繩，或者各種球類活動，也可以提升妳的心肺耐力。

P1啟動期的課程到這裡結束了，不管妳是否堅持從頭做完，妳應該也能感受到自己的精力開始越來越充沛、睡眠品質也越來越好？這說明全身啟動的運動效果還不錯喔。

從下章節開始，我們將進入P2燃脂期，也是正式進入雕塑期，我會幫妳快速找到肩、背、腰腹、臀腿的肌肉發力感，準確地刺激妳的目標肌肉群，以達到雕塑的目的，是不是非常期待？

走吧！跟著我，大家一起變瘦、變美。

Part 4
課後彩蛋

增肌減脂菜單

☀ 早餐	●無糖燕麥片1小碗（可用無糖燕麥片加水煮成粥，或是把燕麥片放入脫脂牛奶或優格中一起吃）●水煮蛋1顆＋蛋白1顆（煮或蒸）●無糖豆漿200ml（1杯）
☀ 午餐	●米飯1小碗（約1個拳頭大小）●雞胸肉100g（約1個拳頭大小，1個指節厚度）●豆腐1塊（約1個手掌心大小）●各類蔬菜1盤（蒸、煮、烤、炒均可，料理時不要加入超過1大匙油脂）●小香蕉1根（約1個拳頭大小）
☾ 晚餐	●水煮玉米100g（約1小根）●烤鱈魚100g（約1個拳頭大小，1個指節厚度）●蔬菜1盤（蒸、煮、烤、炒均可，料理時不要加入超過1大匙油脂）●無糖豆漿100ml（1/2杯）

燃脂期
FAT BURNING PERIOD

肩背、腰腹初燃脂
胸、手臂初燃脂
臀腿、腰腹初燃脂

燃脂期
P2 肩背、腰腹初燃脂

Part 1 訓練意義

經過了前面的3次訓練，妳全身的運動神經應該已經被啟動了，有沒有感覺自己最近精力越來越充沛、身體越來越舒服？而且睡眠品質也比以往更好一些？

恭喜妳，第一階段的訓練完成得很好，所以從這章節開始，我們將正式開始身體雕塑訓練。

就如之前一再強調的，我不會帶著大家單獨練手臂或練腰腹，我們的局部雕塑是有階段計劃的，所有的訓練都會和大肌肉群搭配在一起，因為大肌肉群所占的面積最大，肌肉含量也最高，所以它消耗的熱量也會最多。我們消耗大肌肉群熱量的同時，加強做一些小肌肉群的個別訓練，像是手臂、腹部等，雕塑效果才會更好哦。

好了，今天我們將進行肩背、腰腹的燃脂訓練，準備好了嗎？朝著妳的美背、小蠻腰努力吧！

Part
訓練任務

P1
- ☐ 喚醒身體
- ☐ 神經控制
- ☐ 心肺訓練

P2
- ▨ **肩背、腰腹初燃脂**
- ☐ 胸、手臂、腰腹初燃脂
- ☐ 臀腿、腰腹初燃脂

P3
- ☐ 肩背、腰腹強燃脂
- ☐ 胸、手臂、腰腹強燃脂
- ☐ 臀腿、腰腹強燃脂
- ☐ HIIT 全身燃脂

P4
- ☐ 肩背、腰腹雕塑
- ☐ 胸、手臂、腰腹強雕塑
- ☐ 臀腿、腰腹雕塑
- ☐ 核心肌群鍛鍊

P5
- ☐ 體態調整，改變彎腰駝背、
  骨盆前傾的問題

TRAINING TASK

❗ 禁忌人群

1 老年人（年齡大於 65 歲）、孕婦、殘疾人

2 患有糖尿病、心腦血管疾病、肺部疾病以及其他新陳代謝疾病的人群

3 患有骨科傷病且尚未痊癒的人群

4 其他醫囑建議不適合運動的人群

Motor Training
動作訓練

1

TIPS

注意不可挺腰,核心肌群包含臀部都要收緊,以免塌腰,導致腰部疼痛。

站姿啞鈴推舉

→ 手持啞鈴,身體站直。身體核心收緊,眼睛目視前方,雙腳距離與肩同寬,這時,雙手手持啞鈴,往上抬舉至肩膀的位置,手肘彎曲90°。

→ 肘關節向上推起,推的時候要吐氣,呼吸節奏均勻平穩,直到兩側手臂伸直,伸直之後再把手臂緩慢落下。

→ 要注意肘關節儘量向前。手臂下落至肩部的位置,再次重複推起動作。

啞鈴側平舉

→ 兩腳打開，距離與肩同寬，身體保持挺胸
　收腹的站立，雙手手持啞鈴放於身體兩
　側，雙臂開始往左右兩側平舉向上。

→ 腕關節低於肘關節，肘關節要低於肩關
　節，如果抓不到訣竅，可以想像手中的
　啞鈴是兩個水瓶，舉起的感覺像倒水一
　樣，大拇指朝下，小拇指朝上，向上做
　側平舉。

→ 兩邊手臂抬到約180°的水平面時，再緩
　慢放下，放下的時候不要完全貼著身體
　兩側，那樣會讓妳的肌肉泄力（過度放
　鬆），只要放下至手臂離身體約2~3個拳
　頭的距離就好。再次進行側平舉，保持肌
　肉的持續發力。

TIPS

做側平舉的時候，
手肘要儘量打開，
但不要把肘關節超
伸鎖死。

啞鈴前平舉

→ 身體站直，核心收緊，眼睛目視前方，兩腳打開，距離與肩同寬。

→ 雙手持啞鈴且垂直於地面，吐氣，手臂向上抬起，做前平舉，節奏要
　保持均勻，直到手臂與地面平行，前舉的過程手臂都要伸直。

→ 吸氣，手臂向下，直至手臂與地面垂直，即完成一次動作。

TIPS

注意發力上拉的時候吐氣，向下放的時候要吸氣，整個身體要保持一個中立的位置。運動過程中要保持核心收緊。

4

俯身啞鈴側平舉

→ 身體站立，兩腳打開，距離與肩同寬，雙手各持一只啞鈴。

→ 膝蓋微彎，身體俯身至上半身幾乎與地面平行，腰部要儘量挺直，目視下方。這時候持啞鈴的雙手向下垂直於地面，吐氣，雙手向兩側向上打開，像是飛鳥的姿勢，要注意動作節奏，全程手心向下。

→ 接著再將雙手慢慢落下，直至手臂與地面垂直，即可結束一次動作。

5

TIPS

注意發力上拉的時候吐氣，向下放的時候要吸氣，整個身體要保持中立的位置。運動過程中核心要收緊。

俯身啞鈴划船

→ 身體站立，兩腳打開，距離與肩同寬，雙手各持一只啞鈴。

→ 膝蓋微彎，身體俯身至上半身幾乎與地面平行，腰部要儘量挺直，目視下方。

→ 這時兩手臂的位置應該是與地面垂直，吐氣，拉起啞鈴，肘關節要儘量貼近自己的身體，感覺是往後背部上拉，拉至無法再往上時，再緩慢向下放低啞鈴，直至手臂再次與地面垂直，為一次動作。

俯身啞鈴單臂划船

→ 右手持啞鈴成站姿，兩腳打開，距離與肩同寬。這時候右腳向後邁出約1公尺的距離，後側腿部膝蓋微彎，但要注意不要彎得太多。

→ 微屈膝，這時把重心置於左腳前側，左腿的膝蓋彎曲，把與同側的左手臂的手掌放置於左腿的膝蓋上，身體就成了一個俯身的姿態。身體儘量保持中立。

→ 這時候拿啞鈴的右手臂應該是垂直於地面。吐氣，手臂向上拉起，保持均勻的節奏，拉到盡頭之後再慢慢落下，直至手臂與地面垂直。

TIPS

注意不要聳肩。上臂要與身體儘量貼緊，感覺是從背部發力就對了。

仰臥卷腹

→ 仰臥在墊子上，雙腿屈膝，兩腳掌平踩在地面，雙手手掌放在大腿上。

→ 做仰臥起坐的姿勢，起身時收下顎，眼睛看肚臍的位置，一邊吐氣且蜷縮腹部，將肩胛骨離開地面即可。注意吐氣要吐長氣，感受到把腹腔裡的空氣全部吐出來，然後再緩慢躺回地面時吸氣，此為一次動作。

→ 身體微微碰到地面就開始進行第二次卷腹，依次反覆進行。

仰臥抬腿

→ 平躺於墊子上，眼睛看上方，雙腿伸直併攏，這時緩緩吐氣，兩腿向
　上抬起，抬至約和地面呈90°的位置，再吸氣慢慢向下，向下的節奏
　和向上一樣，都要保持1、2、3、4的緩慢節奏。

→ 雙腳往下落的時候，雙腳不要與地面接觸，這樣可以保持腹部的肌肉
　張力。

8

TIPS

注意手部動作，兩手
始終平放於身體兩
側，手心向下。

訓練進度

21%

Keep Fit With Exercise !

健身從來都無法速成，想要雕塑肌肉和身材，
除了訓練和飲食，最重要的是時間。

Part 小結&預告

好了，今天的訓練妳也做到了嗎？用心感受一下自己的肩、背和腰、腹有沒有發熱的感覺。如果有，說明妳的美背和小蠻腰已經在跟妳招手囉！

下節課開始，我會繼續幫助妳燃燒胸部、手臂和腰腹的脂肪，一起加油！。

在這個階段的飲食上要特別注意：我建議妳把晚餐的澱粉量減少至一半，或者乾脆就不吃澱粉；而且，每天喝水的量一定要達到1500ml以上，只要乖乖按照增肌減脂菜單吃，就保證能瘦下來喔！

Part 課後彩蛋

增肌減脂菜單

 **早餐**	●五穀粥半碗（可加入小米、紫米、糙米等五穀雜糧）●水煮蛋1顆+蛋白1顆（煮或蒸）●脫脂牛乳200ml（1杯），可再加1杯無糖黑咖啡
午餐	●米飯1小碗（約1個拳頭大小）、煎牛肉1片（約1個拳頭大小，1個指節厚度）●各類蔬菜1盤（蒸、煮、烤、炒均可，料理時不要加入超過1大匙油脂）●莓類水果1小碗（約1個拳頭大小）
晚餐	●米飯100g（約2/3個拳頭大小）●烤雞胸肉100g（約1個手掌心大小，1個指節厚度）●蔬菜1盤（蒸、煮、烤、炒均可，無糖豆漿100ml（半杯）

燃脂期

P2

胸、手臂、
腰腹
初燃脂

Part
訓練意義

　　妳是否發現周遭有些人明明體重不是很輕，但是體型卻看起來很瘦；但有些人明明體重不重，但是卻看起來肩膀很厚，虎背熊腰？這些體態的差別就在於胸部和手臂的脂肪堆造成的。

　　別擔心，本章節教的7個簡單易學的動作可以燃燒胸、手臂和腰腹的脂肪，讓妳告別副乳和手臂上的掰掰肉，做個上半身纖細的女孩！

　　準備好了嗎？我們開始吧！

Part
訓練任務

P1
☐ 喚醒身體
☐ 神經控制
☐ 心肺訓練

P2
☐ 肩背、腰腹初燃脂
■ 胸、手臂、腰腹初燃脂
☐ 臀腿、腰腹初燃脂

P3
☐ 肩背、腰腹強燃脂
☐ 胸、手臂、腰腹強燃脂
☐ 臀腿、腰腹強燃脂
☐ HIIT 全身燃脂

P4
☐ 肩背、腰腹雕塑
☐ 胸、手臂、腰腹強雕塑
☐ 臀腿、腰腹雕塑
☐ 核心肌群鍛鍊

P5
☐ 體態調整，改變彎腰駝背、
　骨盆前傾的問題

⚠ 禁忌人群

1　老年人（年齡大於65歲）、孕婦、殘疾人
2　患有糖尿病、心腦血管疾病、肺部疾病以及其他新陳代謝疾病的人群
3　患有骨科傷病且尚未痊癒的人群
4　其他醫囑建議不適合運動的人群

Motor Training
動作訓練

1

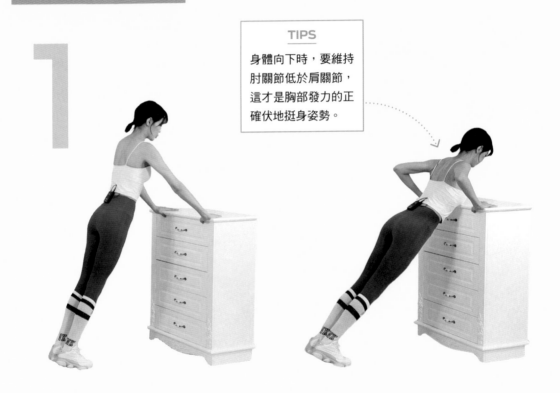

傾斜伏地挺身

→ 雙手打開,距離略寬於肩寬,雙手手指張開,撐住衣櫃或是桌子。挺
胸收腹、沉肩,雙腿及雙腳併攏,身體傾斜成一條直線。

→ 吸氣,手肘彎曲且身體向下,手掌放於胸部兩側,胸部可輕碰到桌邊。

→ 胸部輕碰到桌子邊後,再一邊吐氣一邊將身體推回至原先的起始位置。

跪姿伏地挺身

→ 趴在墊子上,膝蓋跪於地面,兩邊小腿交叉,兩手扶在墊子上,兩手距離約略大於肩寬,目光朝斜前方45°的方向,身體從肩膀到膝蓋要呈一直線。

→ 吐氣向下,手臂彎曲,上臂和身體呈45°的夾角,身體緩緩向下,在向下的過程中,注意不要聳肩。

→ 當身體貼到地面後,吐氣向上,再推起身體直到手臂伸直。

TIPS

腹部、臀部、腰部要收緊,不要塌腰或者撅屁股。

45°

TIPS

請特別注意手臂的夾角,也就是上臂跟身體的夾角是45°,身體始終保持一條直線,不要撅屁股、塌腰、駝背、聳肩等,儘量讓身體保持中立。

TIPS

過程要注意從胸部發力。

仰臥啞鈴推舉

→ 仰臥於墊子上,雙手拿啞鈴放於胸前,上臂與身體的夾角為45°。

→ 前臂與地面垂直,與上臂夾角呈90°,吐氣,向上推起,注意保持均勻的節奏,直至手臂伸直。

→ 兩個啞鈴在手臂伸直後觸碰,吸氣,手臂慢慢落下,直到上臂置於地面上,即為一次動作。

TIPS

動作時特別注意要
收緊腹部、腰部、
臀部等部位的肌肉。

4

站姿啞鈴二頭彎舉

→ 身體自然站立,手持啞鈴,目視前方。

→ 吐氣,並彎起手臂,過程中要注意上臂應時刻與地面垂直,並夾緊身
　體,直至手臂彎曲到極限。

→ 吸氣,啞鈴向下,直至整條手臂與地面垂直,回到原站姿。

5

TIPS

做此運動時要用肱三頭肌發力，上臂要保持貼近身體，並與地面、身體平行。

俯身三頭臂屈伸

→ 身體自然站立，雙手持啞鈴，彎腰俯身至身體和地面接近平行。膝蓋微彎，眼睛看斜下方，身體保持中立，這時候上臂要保持與身體平行，與前臂呈90°。

→ 吸氣，拿啞鈴的雙手向後伸直，直至整個手臂平行於地面，然後再彎曲手臂，讓前臂與地面垂直，即為一次動作。

仰臥自行車

→ 仰臥於墊子上，兩手置於耳後兩側不要交叉，兩邊膝蓋抬起彎曲成 90°，單側膝蓋與對側的手肘相碰，另外一側的膝蓋則伸直。

→ 之後交替動作，伸直腿，屈膝，身體扭轉，對側的手肘與膝蓋相觸碰。每次膝蓋和手肘相碰時吐氣，呼吸過程應該短而急促。

TIPS

腰部和臀部（髖關節部位）都要靠在墊子上。雙腳在運動過程中則不可碰到墊子，要保持懸空的狀態。

6

側身撐體

→ 側身躺於墊子上,手肘和前臂支撐在地面,兩腳伸直,靠下側的腳支撐地面。

→ 向上儘量抬高髖部,向上抬的時候一邊吐氣,到最高處之後,吸氣向下,直至下側的腿幾乎接觸墊子。

→ 注意:運動過程中,身體從頭頂部觀察,應該是呈現一條直線,不要撅屁股,腹部和臀部也要保持收緊。

訓練進度　　　　　　　　　　　　　**27**%

Part 小結&預告

這章節的訓練做完後是否感覺很舒壓？如果妳完整做完了，可以獎勵自己吃一根香蕉；但如果還是沒全部完成也別感到灰心，畢竟減肥成功不是一蹴可幾的事情，但妳只要動起來，妳的脂肪就一定在燃燒，也會有減脂效果的。

所以一定要堅持住，下節課繼續跟著我燃燒妳的臀腿和腰腹脂肪，一起擁有一雙大長腿！

我是妳的超模私教，我們下節課見。

Part 課後彩蛋

增肌減脂菜單

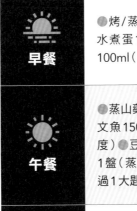

☀ **早餐**	●烤/蒸紫薯100g（約1個握緊的拳頭大小）●水煮蛋1顆+蛋白1顆（煮或蒸）●脫脂優酪乳100ml（1杯）
☀ **午餐**	●蒸山藥150g（約1個握緊的拳頭大小）●烤三文魚150g（約1個手掌心大小、一節手指頭厚度）●豆腐1塊（約1個手掌心大小）●各類蔬菜1盤（蒸、煮、烤、炒均可，料理時不要加入超過1大匙油脂）●小柳橙150g（約1個拳頭大小）
☾ **晚餐**	●米飯100g（約2/3個拳頭大小）●白煮蝦100g（8~10隻）●各種蔬菜1盤（蒸、煮、烤、炒均可，料理時不要加入超過1大匙油脂）

本周訓練計畫 ➡

● 訓練階段　P2 燃脂期

● 訓練次數　一周3次，一次1節，休息
日自行安排

● 訓練內容　肩背、腰腹初燃脂（本課
內容）／胸、手臂、腰腹初燃脂／臀
腿、腰腹初燃脂

Part
訓練意義

這個章節我們將進行P2全身燃脂的最後一次訓練，著重的部位是臀腿和腰腹。

為什麼翹臀對女生來說很重要？因為有翹臀美腿的女生整體或拉長下半身比例，臀線提高後，就算不穿高跟鞋，就算是天生身高不如人，看起來也是百分百的長腿美女。

除了拉長身體線條，練習臀腿運動還有很多優點。

第一：可以緩解腰背疼痛。我們知道在生活中，很多動作都必須用到腰力，例如抬重物、穿高跟鞋等。臀部鍛鍊好了，腰部的壓力自然就能減輕。

第二：促進下半身的血液循環。練臀可以提高骨盆的穩定性，骨盆穩定後，周邊的循環系統就會逐漸得到改善，進而改善很多女生容易手腳冰涼的問題，還能預防婦科疾病。

另外，血液循環系統對減肥瘦身非常重要，尤其現代人長期久坐、缺乏運動，下肢的血液循環不夠流暢，就很容易堆積脂肪，所以仔細觀察很多上班族臀腿部都會比較胖。

我們透過這個運動訓練，可以讓血液更多地流向臀腿部，減少及預防脂肪的堆積。

說了這麼多，就是想告訴妳，訓練臀腿對於內在和外在都非常重要，所以這章節的訓練妳一定要堅持下來哦。準備好了嗎？一起朝著翹臀、美腿努力吧！

Part 2
訓練任務

P1
- ☐ 喚醒身體
- ☐ 神經控制
- ☐ 心肺訓練

P2
- ☐ 臀腿、腰腹初燃脂
- ☐ 胸、手臂、腰腹初燃脂
- ▨ 臀腿、腰腹初燃脂

P3
- ☐ 肩背、腰腹強燃脂
- ☐ 胸、手臂、腰腹強燃脂
- ☐ 臀腿、腰腹強燃脂
- ☐ HIIT 全身燃脂

P4
- ☐ 肩背、腰腹雕塑
- ☐ 胸、手臂、腰腹強雕塑
- ☐ 臀腿、腰腹雕塑
- ☐ 核心肌群鍛鍊

P5
- ☐ 體態調整，改變彎腰駝背、
  骨盆前傾的問題

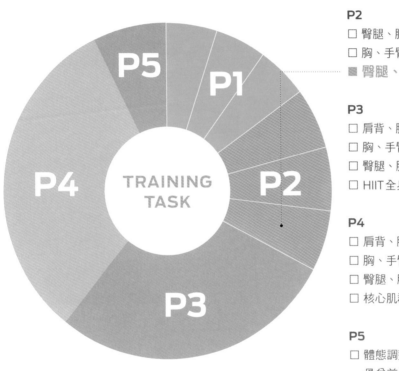

⚠ 禁忌人群

1　老年人（年齡大於65歲）、孕婦、殘疾人

2　患有糖尿病、心腦血管疾病、肺部疾病以及其他新陳代謝疾病的人群

3　患有骨科傷病且尚未痊癒的人群

4　其他醫囑建議不適合運動的人群

每組動作 重複次數	需做 幾組	每組 間歇
15次	**3**組	**45**秒

TIPS

雙眼要直視前方,腰部要挺直,不要出現弓背或塌腰的情況。

1

徒手深蹲

→ 身體保持收腹挺胸的站立,兩腳後腳跟打開,距離與肩同寬,兩腳尖打開呈45°,雙手上抬至前平舉,手背朝上。

→ 先吸氣,身體和臀部向下的同時,彎曲膝蓋,膝蓋朝兩個腳尖的方向打開,在向下蹲的過程中,腰背要挺直,將臀部蹲至與膝蓋同一水平線。吐氣慢慢站回原位,站直後,臀部與腹部要同時收緊,此為一次動作。

啞鈴負重臀橋

→ 仰臥在墊子上，雙腿屈膝，將兩腳的腳尖抬起，腳後跟蹬地，兩腳尖
　向外打開呈45°；兩膝蓋分別朝兩腳尖的方向打開，雙手持一個啞鈴，
　放在骨盆上方的位置。

→ 吐氣，將臀部向上方頂起至與身體成一條直線，並收緊臀。過程中要
　吐長氣，收緊腹部，感覺可以把腹腔裡的氣都吐出來，再慢慢將臀部
　下降回墊子上的起始位置。

弓箭步下蹲

→ 兩腳後腳跟打開距離與肩同寬，兩腳尖朝向正前方，身體保持收腹挺胸的站立；雙手叉腰，將右腳向前邁一步的同時左腳下蹲，吸氣，雙腿均屈膝至90°。

→ 前側的小腿與地面垂直，膝關節不能超過腳尖，注意上半身要保持身體直立。

→ 起身收腿後，吐氣，並換另一條腿交替進行同樣的動作。

手持啞鈴深蹲

→ 身體收腹挺胸的站立，兩腳後腳跟打開，距離與肩同寬，兩腳腳尖打開呈45°，用雙手托住啞鈴放在胸口的位置。

→ 先吸氣深蹲，身體往下沉的同時，彎曲膝蓋，兩側膝蓋分別朝兩個腳尖的方向打開，在向下蹲的過程中，腰背挺直，心裡默念1、2、3、4，將臀部蹲至略低於膝蓋的位置即可。吐氣起身，反覆進行。站直後，將臀部與腹部同時收緊。

TIPS

注意雙眼直視前方，腰部挺直，不要弓背或塌腰，在做手持啞鈴深蹲的時候，啞鈴要在胸口的位置保持不動。

仰臥交替抬腿

→ 平躺於墊子上，眼睛看上方，雙腿伸直併攏。

→ 雙腿伸直，上抬至45°，注意上半身要貼住墊子。

→ 將抬起的雙腿交叉擺動。在交替之間做吐氣，保持腹部收緊。

TIPS

雙手墊在臀部下方，抬腿的時候可減少腰部發力。

5

TIPS

在做交替抬腿的時候兩膝蓋要伸直，不能彎曲，左右交替算一次。

側臥抬腿

→ 將身體向右，側臥在墊子上，雙腿伸直，右側手臂屈肘並撐在地面上。

→ 注意上半身不能塌腰，依然要保持挺胸收腹的姿勢。

→ 將左側腿上抬至45°，再緩慢放下，注意力都放在側腹，在側抬腿的
  過程中感受側腹部的收縮。

→ 完成全部次數之後，換另一側進行相同步驟的動作。

訓練進度 33%

Keep Fit With Exercise !

好身材要靠努力，更要嚴格的身材管理。

**Part
小結&預告**

那麼，這次的課程訓練結束了，妳感覺怎麼樣？是不是感覺好累？臀腿和腰腹的訓練力度確實比較大，妳如果感到腿部酸痛、渾身發熱，都是正常的，這說明妳身上的脂肪在瘋狂地燃燒。

現在我們已經做完了「P2 燃脂期」的全身減脂雕塑訓練，如果妳堅持做完了，那麼妳可以觀察一下妳的身材是不是已經開始有了一點變化？

從下節課開始，我們將進入「P3 強燃脂期」的訓練，顧名思義，我會帶妳把身材的線條感鍛鍊得更加明顯。但是，美麗都是要靠努力打造的，所以我們之後的訓練力度更提高喔！

**Part
課後彩蛋**

增肌減脂菜單

早餐		●無糖燕麥片半碗（可加入脫脂牛奶或優酪乳中，也可加水煮成燕麥粥）●水煮蛋1顆＋蛋白1顆（煮或蒸）●脫脂牛乳100ml（1/2杯）
午餐		●米飯1小碗（約1個拳頭大小）、煎牛肉1片（約1個拳頭大小，1個指節厚度）●非油炸豆製品（1/2個手掌心大小）●各類蔬菜1盤（蒸、煮、烤、炒均可，料理時不要加入超過1大匙油脂）●小蘋果1個（約1個拳頭大小）
晚餐		●蒸南瓜（約2/3個拳頭大小）●無糖豆漿100ml（半杯）

強燃脂期
BEST
FAT BURNING
PERIOD

肩背、腰腹強燃脂
胸、手臂、腰腹強燃脂
臀腿、腰腹強燃脂
HIIT 全身燃脂

強燃脂期

肩背、腰腹
初燃脂

Part 1
訓練意義

P1的訓練幫妳啟動了核心肌肉群，喚醒了身體；在P2的訓練中，妳的肩背部、腰腹部、胸部、手臂、臀腿等都開始減脂燃燒。經過兩周的訓練搭配上健康飲食，妳有沒有感覺自己的身體體力越來越好，每天都精氣神十足？我更關心的是，是不是有人已經可以穿下小一號的衣服啦？

不管怎麼樣，都要恭喜妳，健康的健身習慣和科學的飲食習慣正在養成中，良好的習慣往往是最重要的。接下來，我們將進入P3強燃脂訓練，P3階段是在P2基礎雕塑的訓練計畫上，增加了複合型動作。

為什麼必須要加入複合型動作？因為在每個動作訓練Motor Training中，都有相應的刺激點，但如果我們總是用相同的強度反覆刺激那個點，久而久之就會產生訓練適應，也就讓訓練進入所謂的「瓶頸期」。所以，我們需要改變刺激點和肌肉用力的方式來刺激不同且更多的肌肉纖維，更有效達到雕塑的目的。

複合型動作能達到加強強燃脂和雕塑的目的，消除圓肩駝背、重塑小蠻腰就是指日可待的事了。

準備好了嗎？快跟著我一起，朝著女神之路前進吧！

Part
訓練任務

P1
☐ 喚醒身體
☐ 神經控制
☐ 心肺訓練

P2
☐ 肩背、腰腹初燃脂
☐ 胸、手臂、腰腹初燃脂
☐ 臀腿、腰腹初燃脂

P3
■ 肩背、腰腹強燃脂
☐ 胸、手臂、腰腹強燃脂
☐ 臀腿、腰腹強燃脂
☐ HIIT 全身燃脂

P4
☐ 肩背、腰腹雕塑
☐ 胸、手臂、腰腹強雕塑
☐ 臀腿、腰腹雕塑
☐ 核心肌群鍛鍊

P5
☐ 體態調整，改變彎腰駝背、
　骨盆前傾的問題

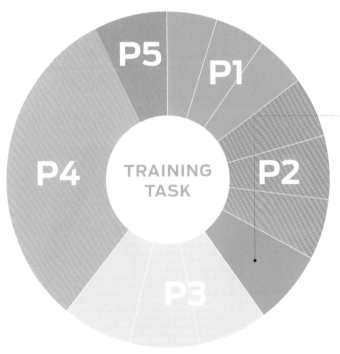

⚠ 禁忌人群

1　老年人（年齡大於65歲）、孕婦、殘疾人
2　患有糖尿病、心腦血管疾病、肺部疾病以及其他新陳代謝疾病的人群
3　患有骨科傷病且尚未痊癒的人群
4　其他醫囑建議不適合運動的人群

1

> **TIPS**
>
> 提拉的過程中，肘關節要帶著往上拉，整個手臂呈V字型，並將啞鈴拉至胸口位置。

> **TIPS**
>
> 此時妳應該會感覺到臀部及大腿後側有拉伸感。

啞鈴拉提

→ 身體保持挺胸收腹站立，兩腳的腳尖距離大於肩寬，兩腳尖朝外打開呈45°。雙手共提一個啞鈴，橫向放於身體前側。

→ 髖部往下沉，彎曲膝蓋，兩膝蓋分別朝兩腳尖的方向打開，將上半身向前傾，上半身保持挺胸、腰背挺直；將髖部下蹲至與膝關節相同的水平線即可。注意保持手臂伸直，手要垂直向下，直到啞鈴碰地為止。

→ 起身直到身體站直，膝蓋伸直，臀部和腹部收緊，將啞鈴往上提拉到胸口位置。

俯身啞鈴划船

→ 自然站立於地面，雙手持啞鈴，俯身向下，膝蓋微彎，腰背儘量挺直，俯身至身體上半身與地面平行。

→ 手臂的位置與地面垂直，吐氣，拉起啞鈴，注意手肘也就是肘關節要儘量貼近自己的身體兩側，上拉至無法繼續的位置，這時緩慢向下放低啞鈴，直至手臂再次與地面垂直。

→ 運動時發力的時候吐氣，向下放的時候要吸氣，整個身體要保持中立的位置。

TIPS
做這個動作從頭到尾都要保持身體核心收緊。

3

TIPS

注意放下的時候不
是一下子完全泄力
到貼於身體兩側。

啞鈴側平舉

→ 自然站立且兩腳併攏，身體保持收腹挺胸，雙手持啞鈴放於身體兩側。

→ 雙臂開始進行側平舉，注意做側平舉時手肘要儘量打開，但不要過於
用力緊繃。

→ 腕關節位置要稍低於肘關節，肘關節要稍低於肩關節，想像手中的啞
鈴是兩個水瓶，動作感覺像是要倒水一樣，大拇指朝下，小拇指朝
上，向上做側平舉，將兩邊手臂抬到約180°的水平線。

→ 再緩慢放下，慢慢放回手臂至離身體2~3個拳頭的距離即可，此為一
次動作。手臂再次進行側平舉，繼續保持肌肉發力。

俯身Superman推舉

→ 身體俯臥，面朝下趴在墊子上，雙手高舉過於頭頂，手背朝上，手臂與身體保持在同一條直線。

→ 上半身微微抬離開地面，一邊吐氣，雙肘彎曲向下滑，注意要沉肩，將兩側肩胛骨向中間收緊，手臂下滑的過程中，兩個手掌要朝向前。

→ 肩胛骨收緊後，再將兩手臂緩慢地再度往上伸直。

 動作保持穩定的節奏，不要太快，動作一定要做完整確實，手臂一定要下沉到肩胛骨完全收緊的位置才算完成一次。

仰臥起坐

→ 將身體仰臥在墊子上,雙腳腳底相對靠緊,腳尖朝前,雙腿膝蓋彎
　曲,注意兩側膝蓋要打開,而不要併攏。

→ 吐氣時要一邊捲縮腹部往上,注意是要由肩胛骨帶離開地面,吐氣的
　時候要吐長氣,感覺可以把腹腔裡的氣都吐出來,吐氣過程中,把腹
　部儘量內縮,然後再慢慢將身體回躺至軟墊上。

平板支撐開合腿

→ 身體呈趴下，前臂和兩腳的前腳掌撐於地面，先做身體平板支撐。

→ 身體撐起來的位置應與地面平行，注意在做平板支撐的時候，不可以塌腰。因為塌腰收緊的是腰部，腹部並沒有收緊，應該腹部和臀部都必須收緊。

→ 平板支撐做好後，我們開始進行動態開合腿的訓練，先將左腳向左邁一步，再將右腳向右邁一步，兩腳打開的距離與肩同寬，打開後再將左腿放回至起始位置，之後右腳向左腳併攏。

→ 這樣一次的動態平板支撐開合腿才算完成。

6

訓練進度

40%

Photo by Jonathan Borba

Keep Fit With Exercise!

無論是身材平平或是太胖，
只要肯付出時間、努力和汗水，總會得到好的成果。

Part 小結&預告

完成了本章節的訓練，妳已經開始雕塑肩背、腰腹部。

是不是覺得P3的訓練強度更大了？這代表妳的脂肪正在更瘋狂地燃燒喔！

在這階段的飲食上，我建議妳晚餐儘量不要吃澱粉。另外在作息上，更要注意規律地休息，不僅是每天要睡7~8小時，更要早睡早起。

慢慢的妳就會發現自己不但身形越來越美了，整個人的身心狀態都會調整得特別好，氣色也漸漸變好。

那麼下一章節開始，我會試著加強燃燒妳的胸部、手臂和腰腹部多餘的脂肪，一定要堅持哦。

Part 課後彩蛋

增肌減脂菜單

 早餐	●脫脂牛奶200ml（1杯）●水煮蛋1顆＋蛋白1顆（煮或蒸）●全麥麵包1片
午餐	●米飯1小碗（約1個握緊的拳頭大小）●去皮雞腿肉150g（蒸、煮、烤、煎均可，約1個手掌心大小、一節手指頭厚度）●豆腐1塊（約1個手掌心大小）●各類蔬菜1盤（蒸、煮、烤、炒均可，料理時不要加入超過1大匙油脂）●小香蕉1根（約1個手掌大小）
晚餐	●水煮玉米100g（1小根）●烤鮭魚100g（約1個手掌心大小、一節手指頭厚度）●脫脂優酪乳100ml（1/2杯）

強燃脂期

P3

胸、手臂、
腰腹
強燃脂

本周訓練計畫 ➡

● 訓練階段　P3 強燃脂期

● 訓練次數　一周4次，一次1節，休息
　　日自行安排

● 訓練內容　肩背、腰腹強燃脂／胸、
　　手臂、腰腹強燃脂（本課內容）／臀
　　腿、腰腹強燃脂／HIIT全身燃脂

Part 1
訓練意義

這堂課的重點，在於上半身雕塑！

相對於P2的胸、手臂、腰腹訓練，今天的訓練增加了強度，當然脂肪的消耗也會加倍。

這樣的運動練習除了能快速減脂、雕塑我們的身體曲線之外，對我們身體健康也有許多好處，像是可以增加骨密度、預防骨質疏鬆、增強身體的穩定性、手腳更加協調等。

所以，我希望透過這些短暫的訓練，能幫助女生們養成健身的好習慣，因為健身能增加女性的魅力，也讓身體曲線更優美。

今天我們要重點訓練的部位是胸、手臂和腰腹，繼續幫妳瘦手臂、減小副乳、強化腰腹部的線條，準備好了嗎？我們開始吧！

Part
訓練任務

P1
☐ 喚醒身體
☐ 神經控制
☐ 心肺訓練

P2
☐ 肩背、腰腹初燃脂
☐ 胸、手臂、腰腹初燃脂
☐ 臀腿、腰腹初燃脂

P3
☐ 肩背、腰腹強燃脂
■ **胸、手臂、腰腹強燃脂**
☐ 臀腿、腰腹強燃脂
☐ HIIT全身燃脂

P4
☐ 肩背、腰腹雕塑
☐ 胸、手臂、腰腹強雕塑
☐ 臀腿、腰腹雕塑
☐ 核心肌群鍛鍊

P5
☐ 體態調整，改變彎腰駝背、
　骨盆前傾的問題

⚠ 禁忌人群

1　老年人（年齡大於65歲）、孕婦、殘疾人
2　患有糖尿病、心腦血管疾病、肺部疾病以及其他新陳代謝疾病的人群
3　患有骨科傷病且尚未痊癒的人群
4　其他醫囑建議不適合運動的人群

Motor Training
動作訓練

> **TIPS**
>
> 做跪姿伏地挺身的時候，雙手要放在胸部兩側，這樣才能保持兩邊肘關節低於肩關節的，這裡是胸部發力最好的位置，也不會對我們的肩關節造成損傷。

1

> **TIPS**
>
> 如果一開始不知道手放的位置是否正確，建議先把身體貼在墊子上，然後再將雙手撐在胸兩側的位置，並將手指張開，再把身體往上撐，把腹部和臀部收緊，挺胸沉肩。

移動跪姿伏地挺身

→ 這動作是P69跪姿伏地挺身的進階移動版。首先我們進行向左移動的跪姿伏地挺身。

→ 趴在墊子上，膝蓋跪於地面，雙手支撐地面，手指張開，讓全手掌完全撐住地面，兩邊小腿交叉，左手向左移一個肩寬的位置，右手不動，兩手的距離保持與肩同寬，手指保持張開。

→ 吐氣向下，手臂彎曲，上臂和身體呈45°的夾角，身體緩緩向下，在向下的過程中，注意不要聳肩，保持挺胸收腹、沉肩。當胸部微微碰到地面後再慢慢撐起。

→ 左側跪姿伏地挺身完成之後，我們開始進行向右移動的跪姿伏地挺身，將左手回到原來的起始位置，然後將右手向右移動一個肩寬的位置，兩手的距離依舊與肩同寬，手指張開，兩手掌完全撐地，移動過程中注意腹部和臀部收緊，挺胸沉肩。雙肘彎曲，上半身向地面貼近，開始做跪姿伏地挺身。

→ 這樣一個完整的移動伏地挺身才算完成，動作熟悉後可以做連貫著做。

仰臥啞鈴飛鳥

→ 仰臥在墊子上，雙腿屈膝，兩腳掌踩地，兩腳腳尖朝外，注意膝蓋要
　打開，不要併攏。

→ 雙手持啞鈴放在胸部正上方，手心相對，並將兩個啞鈴碰在一起，注
　意肘關節不要超伸，要微微彎曲，保持肌肉張力。持啞鈴時注意兩手
　腕要保持直立。將兩個手臂向外打開，肩關節做往外開展的動作，注
　意在打開的過程中，兩邊手肘要持微微彎曲，不能鎖死，肘關節要保
　持高度低於肩關節。當兩邊的上臂微微碰到地面，就可以慢慢收回，
　重複做雙臂往上抬舉，直至啞鈴再碰到一起。

→ 這樣才算是一次完整的仰臥啞鈴飛鳥。

> **TIPS**
> 眼睛需盯著啞鈴，同時要保
> 持挺胸、收腹、沉肩的姿
> 態，在做仰臥啞鈴飛鳥的時
> 候要注意不可聳肩。

啞鈴錘式彎舉

→ 自然站立並收緊核心，身體要注意保持中立位；兩手持啞鈴，手心相
  對且自然下垂。

→ 做彎曲手肘，啞鈴往上抬的動作，動作過程中上臂要貼近身體，並垂
  直於地面，保持穩定的節奏，彎曲手臂至無法再彎。

→ 向上彎曲時吐氣，向下落下時吸氣，兩手同時進行，此為一次結束。

坐姿啞鈴臂屈伸

→ 首先，我們盤腿坐在墊子上，坐在墊子上之後，保持上半身身體挺
　 直、挺胸收腹、沉肩。

→ 雙手交叉，托住啞鈴並放在頭頂後，手臂伸直。

→ 將兩個上臂夾緊，同時往後彎曲雙肘，彎曲到自己的極限，再將啞
　 鈴向上托回至手臂伸直，此為一次動作。

→ 注意伸直的手臂不可以鎖死，要保持微彎，保持肌肉張力。

P3 強燃脂期

5

TIPS

動作時要時時收下顎，
而且肩胛骨離開地面即
可，不用抬得太高。

仰臥交替觸踝

→ 仰臥於墊子上，兩腿彎曲膝蓋，兩腳的距離是 20 公分左右。

→ 這時候雙手先平放於地面上，手心相對，抬起肩胛並收下顎，交替用
左手和右手觸碰同側的腳後跟。

→ 每次觸碰時吐氣，注意動作和呼吸節奏均勻。

俄羅斯轉體

→ 坐在墊子上，雙腿和雙腳離開地面，兩個膝蓋微微彎曲，將身體保
　持「V」字形。

→ 兩手指交握放在胸前，身體開始向左扭轉上半身，直至將交叉的雙
　手碰地，再向右扭轉碰地，此為一次動作。

→ 身體扭轉得越多，腹部收縮的力量就越大，一開始可以按照自己的
　狀況先做到極限。

→ 身體扭轉過程中要保持均勻地呼氣、吸氣。

TIPS

做俄羅斯轉體的時候不
要把腰背挺得過直，只
需要把腰部微微拱起，
將腹部收緊即可。

TIPS

在做全扭轉的過程
中，兩腳都要保持
懸空，不能碰地。

6

訓練進度

47%

Keep Fit With Exercise!

每天早晨的身材狀態，

都取決於前一晚你有多克制和自律。

Part 3
小結&預告

做完這組訓練，恭喜妳，完成了全身燃脂中胸、手臂和腰腹的運動。

感覺怎麼樣？是不是上半身特別酸痛，甚至手臂都抬不起來啦？沒關係，這說明運動做到位了。

妳可以試著用精油或按摩油輕輕按摩，或是輕輕捶打手臂和肩背，像伸懶腰一樣向上拉長整個身體，緩解一下身體的酸痛感。

下個章節，我會繼續幫助妳雕塑臀腿和腰腹，養成妳最想要的蜜桃臀和小蠻腰，一定要堅持哦！

健身是一個循序漸進的過程，做好當下，就能養出美好的身形！

Part 4
課後彩蛋

增肌減脂菜單

 早餐	●烤/蒸紫地瓜100g（約1個拳頭大小）●水煮蛋1顆+蛋白1顆（煮或蒸）●無糖豆漿200ml（1杯）
 午餐	●米飯1小碗（約1個拳頭大小）●牛肉100g（約1個拳頭大小，1個指節厚度）●各類蔬菜1盤（蒸、煮、烤、炒均可，料理時不要加入超過1大匙油脂）●小蘋果100g（約1個拳頭大小）
 晚餐	●蒸山藥150g（約2/3個拳頭大小）●烤雞胸100g（約8-10隻）●無糖豆漿100ml（1/2杯）

強燃脂期

臀腿、腰腹 強燃脂

Part 1
訓練意義

　　上一個章節做完了上半身的訓練，妳是否感覺到妳的胸、手臂和腰腹部都比以前更緊實了呢？很好，相信我，妳會越來越瘦的！

　　接下來我們將進入下半身的訓練，繼續瘋狂消耗妳的臀腿和腰腹部脂肪吧！

　　相比於P2的燃脂期，P3強燃脂期更著重於基礎的臀腿訓練上，增加複合型動作。什麼是複合型動作呢？其實就是能夠訓練多塊肌肉的動作，可以增加身體肌肉，所以對於體型雕塑非常有效。

　　就像是蓋房子一樣，複合型訓練就是打地基，它能幫妳建立更堅實的健身基礎。所以，這章節的訓練，比妳單單做臀部、腿部的訓練要有效得多唷，準備好了嗎？一起朝著翹臀努力吧！

Part
訓練任務

P1
☐ 喚醒身體
☐ 神經控制
☐ 心肺訓練

P2
☐ 肩背、腰腹初燃脂
☐ 胸、手臂、腰腹初燃脂
☐ 臀腿、腰腹初燃脂

P3
☐ 肩背、腰腹強燃脂
☐ 胸、手臂、腰腹強燃脂
■ 臀腿、腰腹強燃脂
☐ HIIT全身燃脂

P4
☐ 肩背、腰腹雕塑
☐ 胸、手臂、腰腹強雕塑
☐ 臀腿、腰腹雕塑
☐ 核心肌群鍛鍊

P5
☐ 體態調整，改變彎腰駝背、
　骨盆前傾的問題

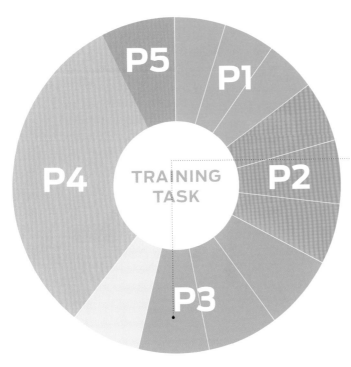

⚠ 禁忌人群

1　老年人（年齡大於65歲）、孕婦、殘疾人
2　患有糖尿病、心腦血管疾病、肺部疾病以及其他新陳代謝疾病的人群
3　患有骨科傷病且尚未痊癒的人群
4　其他醫囑建議不適合運動的人群

Motor Training
動作訓練

TIPS

如果站不穩，實在控制不住自己的身體，可以扶著一個櫃子或椅子。

1

啞鈴單腿觸地

→ 左手持啞鈴，身體保持挺胸收腹的站立姿態，此時左腿彎曲膝蓋並懸空，上半身保持挺胸收腹、腰背挺直。

→ 向下俯身，左腳往後抬，注意臀部是向後走，而不是向下蹲喔。臀部和大腿後側應該有拉伸感，與此同時，右腿要穩定，膝蓋被動彎曲，並將左手的啞鈴順著右腿緩慢地向下滑，直至右腳的腳背之上即可。

→ 再慢慢站回身體直立，站直後挺胸收腹，並將右側的臀部有意識地收緊。

→ 右側的訓練次數都完成之後，換右手拿啞鈴，同時左腿單腿直立，右腿屈膝懸空，進行相同的訓練動作。

單腿臀橋運動

→ 仰臥在墊子上，雙腿彎曲膝蓋，全腳掌落地，兩腳的距離打開與肩同寬，膝蓋朝腳尖的方向打開，距離也是與肩同寬，此時，兩邊前腳掌離開地面，腳後跟踩地。

→ 將左腿向上抬起並伸直。保持這個姿勢不動，開始做單側腿的臀橋運動，將髖關節向上頂起，與身體成一條直線，此時右側的臀部收緊，腹部也要保持緊縮，慢慢吐長氣，感覺把腹腔裡的氣都吐出來，吐氣時腹部內凹。

→ 髖部與身體成一條直線之後，再緩慢地將臀部放回墊子上，回到起始位置。

→ 先把右側的單腿臀橋次數完成後，再將左腿放回至墊上，抬起右腿並伸直，開始進行左側單腿臀橋。

啞鈴硬舉運動

→ 雙手持啞鈴，放於身體前側，身體保持收腹挺胸的自然站立，兩腳的距離為20cm左右，並將兩個腳尖向外打開呈45°。

→ 上半身向下俯身，將臀部向後，上半身保持挺胸、腰背挺直的狀態，啞鈴貼著大腿慢慢向下滑，在啞鈴向下滑的過程中，臀部和大腿後側應會有強烈的拉伸感。

→ 此時兩個膝蓋被動彎曲，並將兩個啞鈴慢慢滑至小腿前側的中間部位即可。要注意兩側膝蓋保持正常打開，不可以併攏。

→ 啞鈴滑到小腿前側中間的部位之後，再慢慢站直，保持挺胸收腹，將臀部和腹部收緊。

→ 這樣一次完整的啞鈴硬舉才算完成。

仰臥兩頭起

→ 仰臥在墊子上，雙腿、雙手均往外延伸，兩腳併攏，手掌朝上。

→ 吐氣並蜷縮腹部，上半身與雙腿同時離開地面。

→ 在蜷縮腹部的時候要吐長氣，感覺可以把腹腔裡的氣都吐出來。

→ 在吐氣的過程中，將雙手與雙腿儘量碰在一起，如果碰不到則做到
　自己的極限即可。

→ 在雙手與雙腿碰觸之後，再慢慢返回墊子上。

啞鈴交替側屈

→ 雙手持啞鈴，身體保持挺胸收腹的站立。

→ 兩腳距離與肩同寬，兩腳尖朝前，啞鈴放在身體兩側。

→ 此時將身體向左側屈，左手的啞鈴順著大腿的左側慢慢向下滑，側面
　 彎曲到自己的極限，再慢慢站直。

→ 然後身體開始向右側屈，右側的啞鈴順著大腿的右側慢慢向下滑，向
　 右側彎曲到自己的極限之後再將身體站直即可。

→ 這樣一次完整的啞鈴交替側屈就完成了。

訓練進度　　　　　　　　　　　　　　　　　　**54**%

Keep Fit With Exercise!

當你多多鍛鍊，
就會發現自己的身體遠比你以為的更有力量。

Part 小結&預告

那麼今天的訓練就到這裡了，妳完整地跟著我做完了嗎？

今天的訓練力度較大，我猜妳已經感到下半身鬆軟，累壞了，對不對？

有這樣的反應很好啊，說明訓練開始見效了！妳臀腿和腰腹的脂肪正在瘋狂地燃燒，

給自己一點鼓勵吧！

那麼到現在為止，我們已經完成了P3階段的局部減脂雕塑訓練，下節課就是我們P3的最後一節課——HIIT（High-intensity Interval Training，即高強度間歇性訓練）全身燃脂訓練了！

還是那句話，變美不是一蹴而就的事，臉蛋是天生的，但身材是可以重塑的！所以妳一定要繼續堅持哦！

Part 課後彩蛋

增肌減脂菜單

早餐	●五穀雜糧粥半碗（可加入小米、紫米、糙米等五穀雜糧）●水煮蛋1顆＋蛋白1顆（煮或蒸）●脫脂牛奶200ml（1杯）
午餐	●米飯1小碗（約1個握緊的拳頭大小）●瘦牛肉100g（約1個手掌心大小、一節手指頭厚度）●各類蔬菜1盤（蒸、煮、烤、炒均可，料理時不要加入超過1大匙油脂）●小橘子150g（約1個拳頭大小）
晚餐	●蒸紫地瓜100g（約2/3個拳頭大小）●豆腐1塊（約1個手掌心大小）●蔬菜1盤（蒸、煮、烤、炒均可，料理時不要加入超過1大匙油脂）

強燃脂期

P3
HIIT
全身燃脂

● 訓練階段 P3 強燃脂期

● 訓練次數 一周4次，一次1節，休息日自行安排

● 訓練內容 肩背、腰腹強燃脂／胸、手臂、腰腹強燃脂／臀腿、腰腹強燃脂（本課內容）／ HIIT 全身燃脂

1
Part
訓練意義

這個章節我想教妳做 HIIT((High Intensity Interval Training 高強度間歇訓練，簡稱為 HIIT)) 全身燃脂訓練，HIIT 具有超強的燃脂瘦身作用。

HIIT 是最有助於減脂瘦身的訓練，能消耗的熱量比傳統的有氧運動更多，效果相當好。舉例來説，妳慢跑1小時消耗的熱量，一般的 HIIT 訓練只需要做20分鐘就可以達到，並且做完 HIIT 後，身體還會持續消耗更多熱量，繼續燃燒脂肪。

但 HIIT 的運動強度大，所以要特別提醒妳，如果妳平常沒有固定運動的習慣，是個運動新手，並且前面章節都沒做就直接打開這堂課程，那麼我建議妳先從這本書前面章節開始訓練，循序漸進下才能避免第二天身體過於酸痛，反而卻步。這個章節的訓練動作請妳一定要看清楚正確姿勢和關鍵細節，才能開始練習，避免受傷。

準備好了嗎？GO！

Part

訓練任務

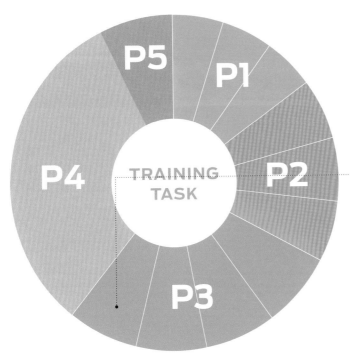

P1
- ☐ 喚醒身體
- ☐ 神經控制
- ☐ 心肺訓練

P2
- ☐ 肩背、腰腹初燃脂
- ☐ 胸、手臂、腰腹初燃脂
- ☐ 臀腿、腰腹初燃脂

P3
- ☐ 肩背、腰腹強燃脂
- ☐ 胸、手臂、腰腹強燃脂
- ☐ 臀腿、腰腹強燃脂
- ■ HIIT全身燃脂

P4
- ☐ 肩背、腰腹雕塑
- ☐ 胸、手臂、腰腹強雕塑
- ☐ 臀腿、腰腹雕塑
- ☐ 核心肌群鍛鍊

P5
- ☐ 體態調整，改變彎腰駝背、骨盆前傾的問題

❗ 禁忌人群

1 老年人（年齡大於65歲）、孕婦、殘疾人
2 患有糖尿病、心腦血管疾病、肺部疾病以及其他新陳代謝疾病的人群
3 患有骨科傷病且尚未痊癒的人群
4 其他醫囑建議不適合運動的人群

HIIT
訓練方法

訓練動作	訓練次數	組間歇	突擊訓練	組間歇	突擊訓練
1 跪姿伏地挺身	訓練動作完成 10 次				
間歇 30 秒					
2 徒手深蹲	訓練動作完成 10 次				
間歇 30 秒					
3 仰臥起坐	訓練動作完成 10 次	一大組 完成之後, 間歇 90 秒	第二回合 突擊訓練	一大組 完成之後, 間歇 90 秒	第三回合 突擊訓練
間歇 30 秒					
4 開合跳	訓練動作完成 10 次				
間歇 30 秒					
5 BURPEE 跳	訓練動作完成 10 次				

每組動作 重複次數	需做 幾組	每組 間歇
15次	3組	45秒

TIPS

腹部、臀部、腰部要收緊，不要塌腰或者撅屁股。

TIPS

身體始終保持一條直線，不要出現撅屁股、塌腰、彎腰駝背、聳肩等情況，要儘量使身體保持中立。

跪姿伏地挺身

→ 趴在墊子上，膝蓋跪於地面，兩邊小腿交叉，兩手扶在墊子上，兩手距離約略大於肩寬，目光朝斜前方45°的方向，身體從肩膀到膝蓋要呈一直線。

→ 吐氣向下，手臂彎曲，上臂和身體呈45°的夾角，身體緩緩向下，在向下的過程中，注意不要聳肩。

→ 當身體貼到地面後，吐氣向上，推起身體直到手臂伸直，要注意手臂夾角，也就是上臂跟身體的夾角是45°。

徒手深蹲

→ 身體保持收腹挺胸的站立姿態，兩腳後跟距離與肩同寬，兩腳尖打開呈45°，雙手上抬至前平舉，手背朝上。

→ 先吸氣，屈髖，身體向下的同時，彎曲膝蓋，膝關節朝兩個腳尖的方向打開，在向下蹲的過程中，腰背挺直，將臀部蹲至與膝關節同一水平線即可。

→ 吐氣起身，按照下蹲原軌跡進行，站直後，將臀部與腹部同時收緊。

→ 整個過程中注意雙眼直視前方，腰部要挺直，不要出現弓背或塌腰的情況。

仰臥起坐

→ 將身體仰臥在墊子上，雙腳腳底相對靠緊，腳尖朝前，雙腿膝蓋彎
　曲，注意兩側膝蓋要打開，而不要併攏。

→ 吐氣時要一邊捲縮腹部往上，注意是要由肩胛骨帶離開地面，吐氣
　的時候要吐長氣，感覺可以把腹腔裡的氣都吐出來，吐氣過程中，
　把腹部儘量內縮，然後再慢慢將身體回躺至軟墊上。

開合跳

→ 身體保持挺胸收腹的站立，雙手放在身體兩側，兩腳併攏。

→ 身體向上騰空跳起，雙腳打開距離略大於肩寬，同時將雙手打開，
在頭頂擊掌。

→ 擊掌之後往下自然墜，將雙手放回身體兩側，兩腳併攏，回到站立
的起始姿態，此為一次動作。

Burpee 跳

→ 身體從站直姿勢往下蹲，兩手的距離與肩同寬，手掌撐地。

→ 兩腳往後蹬，直到身體及腿部成一條直線，腹部收緊，臀部收緊，
注意不可塌腰。

→ 收腿時，屈膝，雙腳向前跳躍，前腳掌落地，等落地之後，手離開
地面，身體向上跳起，騰空時雙手在頭部後方擊掌。

5

訓練進度 **61**%

Keep Fit With Exercise!

不要再依賴什麼代餐、節食減肥，真正該做的是動起來，
規律健身＋健康飲食＝好體力＆好身材！

Part 小結&預告

好了，這章節的訓練就到這裡了順利完成囉！

妳現在應該大汗淋漓了吧！？HIIT訓練強度大，減脂效果佳，但如果妳想加強練習，建議妳一周最多練習3次，而且要隔一天再做，不要每天做，效果才會顯著。

最後要提醒妳，明天起床可能會感覺身體酸疼，這是前面説的乳酸堆積造成的正常現象，不用擔心，只需要繼續跟著我堅持訓練下去，瘦成女神的那一日指日可待。

下個章節我們將進入P4雕塑期階段了，一起朝著完美身材前進吧！

Part 課後彩蛋

增肌減脂菜單

 早餐	●雜糧粥1/2碗（可加入小米、紫米、糙米等五穀雜糧）●水煮蛋1顆+蛋白1顆（煮或蒸）●脫脂優酪乳100ml（半杯）
午餐	●米飯1小碗（約1個握緊的拳頭大小）●雞胸肉100g（蒸、煮、烤、煎均可）●豆腐1塊（1個手掌心大小）●各類蔬菜1盤（蒸、煮、烤、炒均可，料理時不要加入超過1大匙油脂）、小香蕉1根（1個手掌心大小）
晚餐	●水煮蝦100g（約8~10隻）●蔬菜1盤（蒸、煮、烤、炒均可，料理時不要加入超過1大匙油脂）

雕塑期

DEVELOP-MENT PERIOD

肩背、腰腹雕塑
胸、手臂、腰腹雕塑
臀腿、腰腹雕塑
核心肌群鍛鍊

雕塑期
肩背、腰腹雕塑

本周訓練計畫

- 訓練階段　P4 雕塑期
- 訓練次數　一周4次，一次1節，休息日自行安排
- 訓練內容　肩背、腰腹雕塑（本課內容）／胸、手臂、腰腹雕塑／臀腿、腰腹雕塑／核心肌群鍛鍊

Part 1
訓練意義

　　這章節我們正式進入P4雕塑期階段，讓妳養成科學健身的好習慣！你應該會發現，開始養成固定運動習慣，體力越來越充沛，皮膚狀態應該也變好了？

　　保持運動能讓我們永遠保持年輕狀態！所以妳一定要堅持而且持續唷！

　　P4這階段的主要目的是幫妳在減脂，同時加強雕塑局部部位，增肌和減脂同時結合訓練，身體各部分的肌肉比例才會更加勻稱、好看。

　　這組訓練我整理了7組肩背、腰腹的雕塑運動，不僅能燃燒妳的肩背脂肪，還鍛鍊出線條美感。只要線條好了，妳就可以成為天生的衣架子，不管穿什麼衣服都像女神，而且，拍照再也不用找角度了，美麗零死角。

　　好了，為了讓我們不用修圖也能拍出好看的照片，開始訓練，不許偷懶哦！

Part 2
訓練任務

P1
- ☐ 喚醒身體
- ☐ 神經控制
- ☐ 心肺訓練

P2
- ☐ 肩背、腰腹初燃脂
- ☐ 胸、手臂、腰腹初燃脂
- ☐ 臀腿、腰腹初燃脂

P3
- ☐ 肩背、腰腹強燃脂
- ☐ 胸、手臂、腰腹強燃脂
- ☐ 臀腿、腰腹強燃脂
- ☐ HIIT全身燃脂

P4
- ■ **肩背、腰腹雕塑**
- ☐ 胸、手臂、腰腹強雕塑
- ☐ 臀腿、腰腹雕塑
- ☐ 核心肌群鍛鍊

P5
- ☐ 體態調整，改變彎腰駝背、骨盆前傾的問題

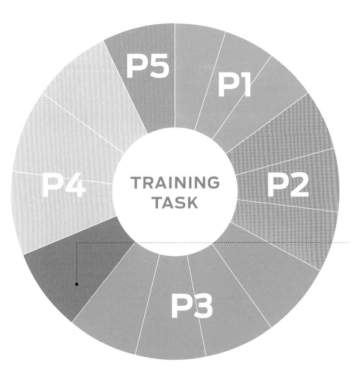

❗ 禁忌人群

1 老年人（年齡大於65歲）、孕婦、殘疾人

2 患有糖尿病、心腦血管疾病、肺部疾病以及其他新陳代謝疾病的人群

3 患有骨科傷病且尚未痊癒的人群

4 其他醫囑建議不適合運動的人群

Motor Training
動作訓練

TIPS
手腕要保持直立，
不可折疊。

阿諾德推舉

→ 雙手持啞鈴，身體維持挺胸收腹站立，兩
腳距離與肩同寬，腳尖向外微微打開。

→ 此時將兩個啞鈴上舉至肩部，肘關節彎曲
至90°，前臂與地板垂直，手腕要直立，
不可以折疊。

→ 將兩邊啞鈴向上推舉，直至手臂伸直，但
要注意，肘關節不能鎖死，要微彎，保持
肌肉張力。

→ 手臂伸直之後，將兩個啞鈴緩慢下滑至肘
關節彎曲90°，即先回到圖1的狀態。

→ 此時再將兩邊肩關節內收，直到持啞鈴的
雙手在胸前碰在一起，手心向內朝身體的
方向。

→ 兩個啞鈴碰在一起之後，再把肩關節和手
臂往外展開，直至兩個啞鈴回到原起始位
置即可。這樣一次完整的阿諾德推舉才算
完成。

單臂啞鈴推舉

→ 身體維持挺胸收腹的站立，右手持啞鈴，兩腳距離與肩同寬，兩腳尖向外微微打開。

→ 左手自然下垂，右手持啞鈴上抬至與肩關節平行的位置，上臂要與地面平行，此時肘關節要保持彎曲90°。

→ 將右手的啞鈴向上推舉直至手臂伸直，但要注意肘關節不要鎖死，要微彎，保持肌肉張力！

→ 等手臂伸直後，再緩慢地下滑，回到起始位置。

→ 右側的啞鈴單臂推舉的次數全部完成之後，再換左手持啞鈴完成啞鈴單臂推舉的次數。

TIPS
手持啞鈴的右手手腕要保持直立，不可折疊，會傷害腕關節。

俯身啞鈴側平舉

→ 呈站立姿勢，兩腳打開，距離與肩同寬，雙手各持一只啞鈴。膝蓋微彎，身體俯身至上半身幾乎與地面平行，腰部要儘量挺直，目視下方。

→ 這時候持啞鈴的雙手向下垂直於地面，吐氣，雙手向兩側向上打開，像是飛鳥的姿勢，當手臂與地面平行的時候，動作即可停止。

→ 接著將雙手慢慢落下，直至手臂與地面垂直，即可結束一次動作。

TIPS

注意動作節奏，全程手心向下。

TIPS

注意保持均勻的呼吸，腰部要儘量伸直，如果發現腰部無法伸直，可以增加膝蓋的曲度。

俯身啞鈴直臂後拉

→ 雙手持啞鈴，身體挺胸收腹站立，身體向下俯身至與地面平行的位
置。同時將兩個手臂向頭頂的方向伸直，手持啞鈴，手心朝下。

→ 兩邊手臂與上半身要成一條直線，將兩個啞鈴向下滑，就像是往下畫
半圓，滑向大腿兩側的位置，身體保持挺胸沉肩，背部的肩胛骨要隨
著啞鈴的滑動慢慢收緊。

→ 肩胛骨收緊後，啞鈴應該已經在髖關節的兩側，此時再慢慢按照原來
下滑的軌跡滑回起始位置即可。

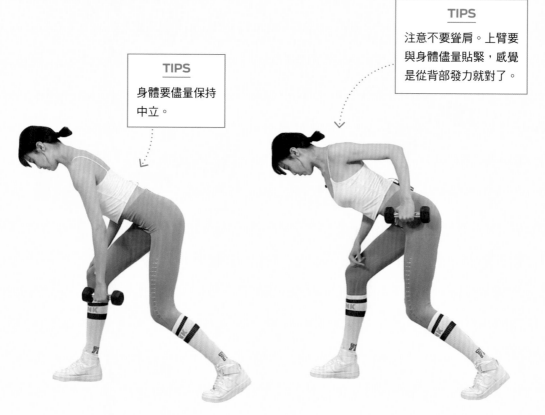

TIPS

身體要儘量保持
中立。

TIPS

注意不要聳肩。上臂要
與身體儘量貼緊，感覺
是從背部發力就對了。

俯身啞鈴單臂划船

→ 左手持啞鈴成站姿，兩腳打開，距離與肩同寬。這時其中一隻腳向後
   邁出約1公尺的距離，後側腿部膝蓋微彎，但要注意膝蓋不要彎曲得
   太多。

→ 微屈膝，這時把重心置於右腳前側，右腿的膝蓋彎曲，把同側的手掌
   放置於右腿的膝蓋上，身體成了一個俯身的姿態。

→ 一邊吐氣，一邊向上拉起手持啞鈴的左手臂，保持均勻的節奏，拉到
   盡頭之後再慢慢落下，直至手臂與地面垂直。

啞鈴站姿直臂扭轉

→ 身體挺胸收腹站立，兩腳後跟距離與肩同寬，兩腳尖向外打開呈45°。雙手共持一個啞鈴橫向放在身體前側，此時雙臂向上抬起，做前平舉。

→ 注意不要塌腰，維持臀部和腹部收緊站立。

→ 上半身往左邊扭轉，注意扭轉時，髖關節以下要保持穩定，不可跟著轉動，只有上半身扭轉，注意力都放在我們的腹部，去感受它的扭轉收縮，把自己想像成一條毛巾，盡力地去擰它的感覺。

→ 將身體扭轉至90°，也就是啞鈴到我們的身體的正左側，再將身體向右扭轉，直至啞鈴在身體的正右側，依次左右交替進行即可。

X 型上舉

→ 仰臥在墊子上,兩腿伸直,兩腳併攏,雙手向頭頂的方向伸直,手掌
　朝上,此時兩手的距離略大於肩寬。

→ 邊吐長氣邊蜷縮腹部,將上半身抬起,直至右側的肩胛骨離開地面,
　右手與左腿相碰,再返回地面。再做另一側,讓左側肩胛骨離開地
　面,左手與右腿相碰,相碰之後再返回,依次交替進行即可。

訓練進度

69%

Keep Fit With Exercise!

想要變得更好，一定要一直努力。不是少吃一餐或鍛鍊一次，
你就能擁有想要的好身材，這些都是一輩子的事。

Part 3 小結&預告

　　堅持到這裡的妳，很棒哦！可以獎勵自己吃一根香蕉！

　　如果還是沒堅持到這裡，想要瘦身的妳可能要自我稍微省思，是什麼阻礙了妳？是否是某一個很難做到的動作？或是只要堅持過哪一個很累的環節？妳就能完整做完了呢？沒關係，下一次的訓練只要堅持得比上一回更久一點，就代表妳有進步了，也期待看到未來完整做完的妳哦！

Part 4 課後彩蛋

增肌減脂菜單

 早餐	●五穀雜糧粥半碗（可加入小米、紫米、糙米等五穀雜糧）●水煮蛋1顆+蛋白1顆（煮或蒸）●脫脂優酪乳100ml（1/2杯）
午餐	●米飯1小碗（約1個握緊的拳頭大小）●雞胸肉100g（約1個手掌心大小、一節手指頭厚度）●豆腐1塊（約1個手掌心大小）●各類蔬菜1盤（蒸、煮、烤、炒均可，料理時不要加入超過1大匙油脂）●小香蕉1根（約1個手掌大小）
晚餐	●水煮蝦100g（約8-10隻）●蔬菜1盤（蒸、煮、烤、炒均可，料理時不要加入超過1大匙油脂）

Photo by Javier Santos Guzman

雕塑期

胸、手臂 腰腹雕塑

本周訓練計畫

● 訓練階段 P4 雕塑期

● 訓練次數 一周4次，一次1節，休息日自行安排

● 訓練內容 肩背、腰腹雕塑／胸、手臂、腰腹雕塑（本課內容）／臀腿、腰腹雕塑／核心肌群鍛鍊

Part 1 訓練意義

這個章節，我們是要為了夏天能快樂地穿上無袖或者吊帶裙而繼續努力！

所以要集中著重訓練的部位，就是妳的胸、手臂和腰腹了。

堅持訓練妳會看到自己腹部的線條越來越清晰，消瘦型的女生也有可能練出馬甲線。同時妳胸部的形狀也會跟著變緊緻，手臂的掰掰肉也能甩掉兩圈，成效還是挺明顯的哦。

好了，為了夏天能美美的，我們趕緊動起來吧！

Part
訓練任務

P1
□ 喚醒身體
□ 神經控制
□ 心肺訓練

P2
□ 肩背、腰腹初燃脂
□ 胸、手臂、腰腹初燃脂
□ 臀腿、腰腹初燃脂

P3
□ 肩背、腰腹強燃脂
□ 胸、手臂、腰腹強燃脂
□ 臀腿、腰腹強燃脂
□ HIIT全身燃脂

P4
□ 肩背、腰腹雕塑
■ **胸、手臂、腰腹雕塑**
□ 臀腿、腰腹雕塑
□ 核心肌群鍛鍊

P5
□ 體態調整，改變彎腰駝背、
　骨盆前傾的問題

TRAINING TASK

P5　P1　P4　P2　P3

⚠ 禁忌人群

1　老年人（年齡大於65歲）、孕婦、殘疾人
2　患有糖尿病、心腦血管疾病、肺部疾病以及其他新陳代謝疾病的人群
3　患有骨科傷病且尚未痊癒的人群
4　其他醫囑建議不適合運動的人群

Motor Training 動作訓練

每組動作 重複次數	需做 幾組	每組 間歇
15次	3組	45秒

T 型俯臥撐

→ 趴在墊子上，雙手撐地，雙腿保持伸直，
  兩腳距離與肩同寬，身體維持挺胸收腹。

→ 兩手的距離也與肩同寬，兩手手指完全
  張開，撐住地面，此時兩個胳膊肘開始
  彎曲，先做標準的伏地挺身。過程中要
  保持挺胸收腹、沉肩。

→ 如果標準的全地挺身對妳來說難度太高，
  可以做降階版的，雙手支撐地面後，塌腰
  讓身體貼近地面，在身體接觸地面後，再

將身體撐起來成一條直線，臀部和腹部收
緊即可。

→ 身體撐起之後，向左扭轉，將左側的手臂
  向外伸展至身體的正上方。

→ 眼睛目視左手，然後將左手按照原來軌跡
  回到起始位置。再向右側扭轉身體，換右
  側手臂向上伸直，過程中眼睛目視右手，
  直到右手在身體正上方伸直，再按照原軌
  跡帶回即可。

啞鈴仰臥直臂上拉

→ 仰臥在墊子上，雙手共同托住一個啞鈴，並將兩手臂伸直放在頭頂處。將兩個手臂夾緊，手肘保持伸直，開始往身體上方拉，把啞鈴上拉至胸部的正上方。

→ 上拉的過程中要保持挺胸收腹、沉肩。

→ 上拉至胸部的正上方之後，再將啞鈴按照原軌跡慢慢放到起始位置即可。

TIPS
上拉時肩膀不可聳肩。

2

坐姿啞鈴彎舉

→ 坐在一張椅子上，身體挺胸收腹、保持挺直坐姿。左右手均各持一個
   啞鈴放在身體兩側。

→ 上臂夾緊身體，雙手手心朝上並往上彎曲手肘，直到彎到自己的極限
   後再緩慢放下，直至手臂伸直，依次交替進行即可。

→ 注意在做啞鈴彎舉的時候要保持上臂夾緊身體，為的是保持肩關節穩
   定，只做肘關節的彎曲。

TIPS
身體要維持收腹
挺胸、沉肩。

3

坐姿啞鈴臂屈伸

→ 首先，我們坐在椅子上，保持上半身身體挺
直、挺胸收腹、沉肩。雙手交叉，托住啞鈴
並放在頭頂後，手臂伸直。

→ 將兩個上臂夾緊，同時往後彎曲雙肘，彎曲
到自己的極限，再將啞鈴向上托回至手臂伸
直，此為一次動作。

→ 注意伸直的手臂不可以鎖死，要保持微彎，
保持肌肉張力。

5

TIPS

過程中要保持腹部收緊，不可塌腰或者弓背。

俯撐交替提膝

→ 雙手撐地，將身體俯撐在墊子上，兩手距離與肩同寬，手指完全張開，撐住地面，身體保持收腹收臀，不可塌腰或者弓背。

→ 這個時候將右膝往上提向左手肘的方向，提膝到自己的極限後即可收回，換左膝，提往右手肘的方向，同樣提至自己的極限即可收回，依次交替進行。

→ 要特別注意，每次提膝的時候都要吐氣，呼吸是保持短而急促的。

啞鈴肩部超級組

→ 超級組的第一個動作，雙手持啞鈴放在身體兩側，身體保持挺胸收腹的站立姿態，兩腳距離與肩同寬，兩腳尖向外打開呈45°。

→ 將兩個啞鈴向前上抬至與肩平行，做前平舉，前平舉做好後，我們開始做左右手上下交替的訓練動作。注意手臂往上抬的高度大約是與眼睛平行的位置，往下放的高度是與肚臍平行的位置。所以，我們左右手交替的位置是在目光平視與肚臍之間。

→ 超級組的第二個動作，將兩個啞鈴放在身體兩側，身體保持站立、挺胸收腹。

→ 此時將兩個啞鈴從側平舉的方向上抬，手心朝前，大拇指朝上，兩個啞鈴上抬至頭頂，直至兩個啞鈴碰在一起，之後再向下滑。

→ 兩個啞鈴下滑至身體後方臀部的位置，在臀部的位置相碰。注意：手心始終保持向前。

→ 依次交替進行即可。

7

→ 超級組的最後一個動作，兩手持啞鈴放在身體兩側，保持挺胸收腹，兩腳距離與肩同寬，腳尖朝前，身體向下俯身至與地面平行。兩個手臂垂直於地面，持啞鈴的雙手手背朝前。

→ 開始做啞鈴上拉的動作，雙手臂向外打開，兩個肘關節彎曲至90°，將啞鈴上拉至肩關節與肘關節平行。

→ 注意上拉後，肘關節要保持90°，前臂要保持與地面垂直，而且肘關節一定要與肩關節平行，如果肘關節低於肩關節，就變成練背部了，鍛鍊的目標肌肉群不同。

→ 再將啞鈴先放回前臂與地面垂直的位置，停頓一秒之後，再將手臂向中間靠攏，直至伸直，回到起始位置。

訓練進度 **77**%

Part
小結&預告

今天的訓練運動也做完了嗎?!是否累得一接觸枕頭就睡著了!?請保持這種狀態,繼續堅持!

除了認真運動之外,搭配健康的餐點也很重要唷!正確的健身也要搭配正確的飲食,才能達到事半功倍的效果,建議平常多吃天然的食物原形,少吃加工品,可補充地瓜、豆漿等好的澱粉和蛋白質。

Part
課後彩蛋

增肌減脂菜單

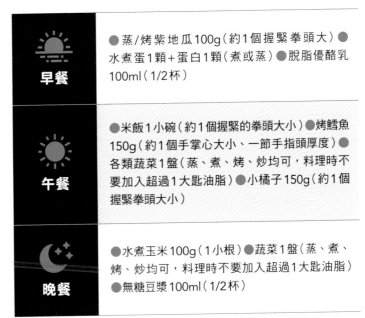

早餐	●蒸/烤紫地瓜100g(約1個握緊拳頭大)●水煮蛋1顆+蛋白1顆(煮或蒸)●脫脂優酪乳100ml(1/2杯)
午餐	●米飯1小碗(約1個握緊的拳頭大小)●烤鱈魚150g(約1個手掌心大小、一節手指頭厚度)●各類蔬菜1盤(蒸、煮、烤、炒均可,料理時不要加入超過1大匙油脂)●小橘子150g(約1個握緊拳頭大小)
晚餐	●水煮玉米100g(1小根)●蔬菜1盤(蒸、煮、烤、炒均可,料理時不要加入超過1大匙油脂)●無糖豆漿100ml(1/2杯)

雕塑期
臀腿、腰腹雕塑

本周訓練計畫 →

● 訓練階段　P4 雕塑期

● 訓練次數　一周4次，一次1節，休息日自行安排

● 訓練內容　肩背、腰腹雕塑／胸、手臂、腰腹雕塑／臀腿、腰腹雕塑（本課內容）／核心肌群鍛鍊

Part 1
訓練意義

　　到了現在這個階段，相信已經不用我再提醒妳「要堅持訓練和保持健康飲食的好習慣」了，妳現在應該是幾天不練，自己都會感到不習慣。那麼恭喜妳，說明妳已經成功愛上健身了，歡迎加入我們的健身大群，一起又美又瘦！

　　這一階段的訓練會讓妳的雕塑效果更明顯，那麼今天呢，我將繼續做完5組極簡動作，著重進擊妳的臀腿和腰腹部位，加油哦，這樣就離妳的大長腿和小蠻腰更近一步了！

　　準備好了嗎？GO！

Part
訓練任務

P1
- ☐ 喚醒身體
- ☐ 神經控制
- ☐ 心肺訓練

P2
- ☐ 肩背、腰腹初燃脂
- ☐ 胸、手臂、腰腹初燃脂
- ☐ 臀腿、腰腹初燃脂

P3
- ☐ 肩背、腰腹強燃脂
- ☐ 胸、手臂、腰腹強燃脂
- ☐ 臀腿、腰腹強燃脂
- ☐ HIIT全身燃脂

P4
- ☐ 肩背、腰腹雕塑
- ☐ 胸、手臂、腰腹雕塑
- **■ 臀腿、腰腹雕塑**
- ☐ 核心肌群鍛鍊

P5
- ☐ 體態調整，改變彎腰駝背、
  骨盆前傾的問題

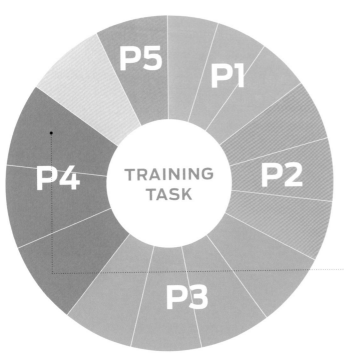

TRAINING TASK

P5 / P1 / P2 / P3 / P4

⚠ 禁忌人群

1　老年人（年齡大於65歲）、孕婦、殘疾人
2　患有糖尿病、心腦血管疾病、肺部疾病以及其他新陳代謝疾病的人群
3　患有骨科傷病且尚未痊癒的人群
4　其他醫囑建議不適合運動的人群

Motor Training
動作訓練

> **TIPS**
>
> 前側的腿屈膝後，膝關節不能超過腳尖，讓前側腿的小腿儘量與地面保持垂直的狀態。

1

公主蹲

→ 雙手持啞鈴，身體保持挺胸收腹的站立姿態，兩腳後跟距離與肩同寬，腳尖打開呈45°。

→ 將右腿向左斜後方交叉，並雙腿屈膝做一個交叉弓箭步。雙腿屈膝後向下俯身，用胸部去找大腿前側的方向。

→ 持啞鈴的雙手手臂伸直，並將啞鈴放於前側腿腳尖的兩側，再起身將身體站直，雙腳回到起始站立姿態。

→ 此時換將左腿向右斜後方交叉，之後雙腿屈膝，做交叉弓箭步，用啞鈴去找左側腿的腳尖，手臂與地面垂直，然後站直身體，回到站立的起始位置。

啞鈴側弓步肩上舉

→ 雙手持啞鈴，身體保持挺胸收腹的站立姿態，此時左腳向左側方跨出一大步，距離為略大於肩寬。

→ 彎曲膝蓋且髖關節往後，向下俯身且雙手臂伸直，用兩個啞鈴去找左側腳尖的位置，身體向下。俯身後，左側的臀部和左側大腿後側應有拉伸感。

→ 起身收腿，將啞鈴放置在肩部，兩個手肘朝前，臀部與腹部同時收緊，吐氣並向上推起啞鈴，直至手臂伸直。注意手

肘不要超伸鎖死，要微微彎曲，保持肌肉張力，手臂伸直之後，再將啞鈴放回至肩部，手肘依然保持朝前的方向。

→ 換右腿向右側跨一大步，俯身，用啞鈴去找右側腳的腳尖，向下俯身的時候，右側的臀部與大腿後側應有拉伸感。

→ 將啞鈴放於右腿腳尖的兩側之後起身，兩腿併攏，將啞鈴再次放到肩部，手肘朝前並向上推舉，直至手臂伸直。

TIPS

注意髖關節是向後走，
而不是向下蹲喔。

托啞鈴深蹲

→ 身體保持收腹挺胸的站立姿態，兩腳後跟距離與肩同寬，兩腳尖打開呈45°，啞鈴直向用雙手托住，放在胸口的位置。

→ 先吸氣，彎下髖部和膝蓋讓身體向下做深蹲，兩側膝蓋分別朝兩個腳尖的方向打開，在向下蹲的過程中，腰背挺直，心裡默念1、2、3、4，將臀部蹲至略低於膝蓋的位置即可。

→ 吐氣起身。站直後，將臀部與腹部同時收緊。

→ 注意深蹲或站起來的過程中要注意雙眼直視前方，腰部要挺直，不要有弓背或塌腰的情況。

4

TIPS

兩膝蓋朝腳尖的方向打開，俯身後應該感覺到臀部和大腿後側有拉伸感。

啞鈴相撲硬拉

→ 雙手持一個啞鈴，身體保持挺胸收腹的站立姿態，兩腳的距離為略大於肩寬，兩腳尖向外打開呈45°。此時先屈髖，臀部向後，注意臀部是向後推，而不是向下蹲，雙手垂直於地面，用啞鈴慢慢去接近地面，俯身至啞鈴即將碰地即可。

→ 慢慢起身，將膝蓋伸直，身體站直後，吐氣，將臀部與腹部收緊，注意不能塌腰或者弓背。

→ 要特別注意的是，這個動作主要訓練的位置是我們的大腿內側和臀部，腳的站距越寬，腳尖打開得越大，對大腿內側和臀部的刺激就越深。

平板支撐後抬腿

→ 平板支撐需要我們俯身在墊子上，雙腿伸直，兩腳併攏，兩腳的前腳
　掌和兩手肘支撐地面。

→ 把身體撐起來，撐起後，臀部和腹部收緊，將身體撐成一條直線，與
　地面平行即可。

→ 平板支撐做好後，將右腿向上抬起至與地面呈30°即可，抬起後再慢
　慢放回地面。換左腿，將左腿向上抬起至與地面呈30°，然後再慢慢
　放回地面。依次交替進行。

訓練進度 85%

Keep Fit With Exercise!

放棄很容易，瞬間就可以做到，
最難的就是如何克服自己，堅持下去！

Part 3 小結&預告

我們這章節的訓練就到這裡啦。

恭喜妳，因為妳如此用心地訓練，身體的變化應該越來越明顯了，我要給妳大大的讚賞！妳也應該要好好感謝一下這麼努力的自己！

下一章節，我將帶著妳們開始做一套非常重要的運動──「核心肌群鍛鍊」，它簡單易學，而且減脂、雕塑效果顯著，它能提高我們對身體肌肉的控制能力，是P4雕塑期的壓軸訓練，一定要認真做喔！

Part 4 課後彩蛋

增肌減脂菜單

 早餐	●脫脂牛奶200ml（1杯）●水煮蛋1顆+蛋白1顆（煮或蒸）、全麥麵包1片
午餐	●米飯1小碗（約1個握緊的拳頭大小）●雞胸肉100g（蒸、煮、烤、煎均可，約1個手掌心大小、一節手指頭厚度）●豆腐1塊（約1個手掌心大小）●各類蔬菜1盤（蒸、煮、烤、炒均可，料理時不要加入超過1大匙油脂）●小香蕉1根（約1個手掌大小）
晚餐	●蒸南瓜1碗（約2/3個握緊的拳頭大小）●各類蔬菜1盤（蒸、煮、烤、炒均可，料理時不要加入超過1大匙油脂）●無糖豆漿100ml（1/2杯）

雕塑期

核心肌群
鍛鍊

Part 1
訓練意義

　　經過前面的雕塑鍛鍊，妳的身體應該已經逐漸適應了這種強烈的訓練強度。這次要帶妳們做這一組非常實用的訓練──「核心肌群鍛鍊」。

　　多做核心肌群鍛鍊訓練對我們的日常生活非常有幫助，它能靈活我們的關節，讓我們在平時彎腰或者舉重物的時候避免受傷。也能讓我們平常的姿態和姿勢更正確，避免姿勢錯誤帶來的酸痛或傷害。

　　這個訓練不需要借助任何器械或是訓練機器，也可以非常有效的強化我們核心肌肉群的力量，增強我們對身體的控制能力，讓肌肉自然增長、雕塑效果也更佳。

　　這一套訓練平常也適用喔，並不限於瘦身期，而且非常效果明顯，讓我們開始訓練核心肌群吧！

Part 2 訓練任務

P1
- ☐ 喚醒身體
- ☐ 神經控制
- ☐ 心肺訓練

P2
- ☐ 肩背、腰腹初燃脂
- ☐ 胸、手臂、腰腹初燃脂
- ☐ 臀腿、腰腹初燃脂

P3
- ☐ 肩背、腰腹強燃脂
- ☐ 胸、手臂、腰腹強燃脂
- ☐ 臀腿、腰腹強燃脂
- ☐ HIIT 全身燃脂

P4
- ☐ 肩背、腰腹雕塑
- ☐ 胸、手臂、腰腹雕塑
- ☐ 臀腿、腰腹雕塑
- ■ **核心肌群鍛鍊**

P5
- ☐ 體態調整，改變彎腰駝背、骨盆前傾的問題

❗ 禁忌人群

1 老年人（年齡大於65歲）、孕婦、殘疾人
2 患有糖尿病、心腦血管疾病、肺部疾病以及其他新陳代謝疾病的人群
3 患有骨科傷病且尚未痊癒的人群
4 其他醫囑建議不適合運動的人群

Motor Training
動作訓練

每組動作 重複次數	需做 幾組	每組 間歇
15次	**3**組	**45**秒

1

TIPS

TIPS

做跪姿伏地挺身的時候，雙手要放在胸部兩側，這樣才能保持兩邊肘關節低於肩關節的，這裡是胸部發力最好的位置，也不會對我們的肩關節造成損傷。

TIPS

如果一開始不知道手放的位置是否正確，建議先把身體貼在墊子上，然後再將雙手撐在胸部兩側的位置，並將手指張開，再把身體往上撐，把腹部和臀部收緊，挺胸沉肩。

移動跪姿伏地挺身

→ 這動作是P69跪姿伏地挺身的進階移動版。首先我們進行向左移動的跪姿伏地挺身。

→ 趴在墊子上，膝蓋跪於地面，雙手支撐地面，手指張開，讓全手掌完全撐住地面，兩邊小腿交叉，左手向左移一個肩寬的位置，右手不動，兩手的距離保持與肩同寬，手指保持張開。

→ 吐氣向下，手臂彎曲，上臂和身體呈45°的夾角，身體緩緩向下，在向下的過程中，注意不要聳肩，保持挺胸收腹、沉肩。當胸部微微碰到地面後再慢慢撐起。

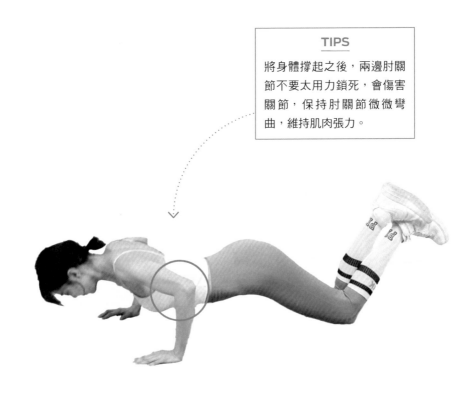

→ 左側跪姿伏地挺身完成之後，我們開始進行向右移動的跪姿伏地挺身，將左手回到原來的起始位置，然後將右手向右移動一個肩寬的位置，兩手的距離依舊與肩同寬，手指張開，兩手掌完全撐地，移動過程中注意腹部和臀部收緊，挺胸沉肩。雙肘彎曲，上半身向地面貼近，開始做跪姿伏地挺身。

→ 這樣一個完整的移動伏地挺身才算完成，動作熟悉後可以做連貫著做。

俯撐交替提膝

→ 雙手撐地，將身體俯撐在墊子上，兩手距離與肩同寬，手指完全張開，撐住地面，身體保持收腹收臀，不可塌腰或者弓背。

→ 這個時候將右膝往上提向左手肘的方向，提膝到自己的極限後即可收回，換左膝，提往右手肘的方向，同樣提至自己的極限即可收回，依次交替進行。

→ 要特別注意，每次提膝的時候都要吐氣，呼吸是保持短而急促的。

TIPS

過程中要保持腹部收緊，不可塌腰或者弓背。

平板支撐開合腿

→ 身體呈趴下，前臂和兩腳的前腳掌撐於地面，先做身體平板支撐。

→ 身體撐起來的位置應與地面平行，注意在做平板支撐的時候，不可以塌腰。因為塌腰收緊的是腰部，腹部並沒有收緊，應該腹部和臀部都必須收緊。

→ 平板支撐做好後，我們開始進行動態開合腿的訓練，先將左腳向左邁一步，再將右腳向右邁一步，兩腳打開的距離與肩同寬，打開後再將左腿放回至起始位置，之後右腳向左腳併攏。

→ 這樣一次的動態平板支撐開合腿才算完成。

平板手肘交替支撐

→ 雙手、雙腳支撐於地面做平板支撐的起始動作，兩手撐的距離與肩同寬，兩手指完全張開撐住地面。

→ 平板支撐做好後，將左手的手肘彎曲，並用左手前臂撐地，撐地後彎曲右手肘將右手前臂撐地。

→ 兩個前臂同時撐地之後，再將左手手掌撐地，左手手臂再次伸直，同時右手手掌撐地，右手手臂再次伸直，依次交替進行即可。雙手撐起來回到步驟1的動作。

> **TIPS**
> 保持臀部和腹部收緊，不可以塌腰或者弓背。

> **!** 注意在做此動作時，兩個手臂交替伸直，但是肘關節要微微彎曲，保持肌肉張力，不能完全超伸鎖死。從頭到尾都要保持腹部、臀部收緊，不可以塌腰或者弓背。

TIPS

保持挺胸收腹、收臀的起始動作，不可以塌腰或者弓背。

TIPS

臀部向下的時候要吐長氣，並將腹部收緊。注意不能塌腰，依次反覆進行即可。

平板髖屈伸

→ 身體呈趴下，前臂和兩腳的前腳掌撐於地面，兩手前臂撐地，手肘距離與肩同寬，先做身體平板支撐的起始動作。

→ 平板支撐做好後，我們將臀部向上頂，也就是彎曲髖部，很像在折疊妳的髖部，屈髖到妳的極限後，再慢慢將臀部向下至與身體成一條直線即可。

側向動態平板支撐

→ 將身體向右，先側臥在墊子上，右手肘撐地，將身體撐起來，做一個側向的平板支撐的起始動作。

→ 做髖部的側屈，將臀部慢慢側屈靠向地面，但是注意不要整個貼到地面，這樣會讓腹部洩力。臀部將碰到地面的時候，我們再次把髖部頂起至與身體成一條直線即可。右側的次數完成後，再進行左側的訓練。

TIPS

身體撐起後，同樣要保持收腹收臀，不可以塌腰或者翹臀。

TIPS

髖部不碰觸地面才能保持側腹持續發力，注意腹部要收緊。

6

訓練進度 93%

Keep Fit With Exercise!

走出舒適圈，能讓你成長的東西通常都會讓人感到辛苦，
一切都看你如何選擇。

Part 3
小結&預告

我們這章節的訓練就結束了，恭喜妳完成了！

有沒有感受到妳的整個核心部位都在發熱？那就對了，這說明妳的訓練到位。

好了，這節課結束後，我幫妳們安排的全套體型雕塑訓練就告一段落了，但這並不意味著妳的雕塑訓練就終止了，我真的很希望妳們都能將健身習慣好好融入妳的日常生活中，就像是每天都要喝水、睡覺一樣，變成每天或每周必須要做的事情，而且是自然而然就會有動力想去做的事。

與其說健身是一種訓練，我倒希望它是一種生活方式，希望健身可以徹底改變妳的生活。

或許妳會有疑問，看完這本書，完成了這套訓練之後，接下來又該怎麼繼續訓練呢？不必擔心，這套訓練課程是可以長期使用的。

我提幾個具體的健身建議給妳：

1 如果妳整套訓練並沒有完整地按照每一章節、每一個動作跟著做完，那麼我建議妳，再從 P1 開始做起，能做到第幾課，就做到第幾課，繼續堅持做到自己的極限，直到有一天，妳可以完整地完成整套訓練為止。

2 如果妳是跟著我完整堅持一步步做完了，那代表妳的身體體質和肌肉量都不錯，那麼妳可以繼續進階，返回 P2，在原來的訓練基礎上，增加妳的啞鈴重量 1~2kg，把妳的訓練組次增加到 4~5 組，提高難度。

為什麼呢？因為這整套訓練要根據妳身體的變化隨時做出調整，而不是一成不變的。如果沒有調整，妳的身體很快就會適應，馬上就會進入瓶頸期，妳的身材也因此不會有更多的改變，這時心裡一定會有期待上的落差。所以妳需要增加妳的啞鈴重量和訓練組次來突破妳的瓶頸期，這樣身材才能有更多的改變，以達到更好的減脂和雕塑效果。

當然，如果妳的條件允許的話，我當然還是建議妳去健身房，找一個專業的私人教練，帶著妳進行系統訓練，因為一個專業的私教會比妳更瞭解妳的身體，他會幫妳改變妳的身材和體重。

如果妳不想去找私教的話，只要妳想，隨時隨地妳都可以練起來，不管是家裡、公司、健身房、公園、飯店等，只要熟悉這套鍛鍊，任何環境都可以變成妳健身房，也沒有任何藉口可以阻擋妳變瘦、變美。

另外，飲食上也是很重要的，要繼續保持我們書中介紹的增肌減脂菜單。

好了，接下來，我要帶妳做超級模特兒體態的調整，改善妳的彎腰駝背、骨盆前傾等疑難雜症，培養妳的超模體型和氣質。

Part 課後彩蛋

增肌減脂菜單

早餐	●五穀雜糧粥半碗（可加入小米、紫米、糙米等五穀雜糧）●水煮蛋1顆+蛋白1顆（煮或蒸）●脫脂牛奶200ml（1杯），可以加1杯無糖黑咖啡
午餐	●米飯1小碗（約1個握緊的拳頭大小）●雞胸肉100g（約1個手掌心大小、一節手指頭厚度）●非油炸類豆製品（半個手掌心大小）●各類蔬菜1盤（蒸、煮、烤、炒均可，料理時不要加入超過1大匙油脂）●小橘子150g（約1個拳頭大小）
晚餐	●蒸山藥150g（約2/3個拳頭大小）●水煮蝦100g（約8-10隻）●蔬菜1盤（蒸、煮、烤、炒均可，料理時不要加入超過1大匙油脂）●脫脂牛奶100ml（1/2杯）

調整體態期
PROMOTION PERIOD

超模氣質養成計畫

Part 1
訓練意義

　　這個章節是我們特別加碼，經過了前面4個階段，我已經帶妳進行了完整一套從減脂到雕塑的系統鍛鍊，現在，妳已經有了好身材、易瘦體質的基礎，也應該養成了保持健身的好習慣，如果妳能按照我的增肌減脂菜單健康飲食，我相信瘦身這件事，永遠都不會是妳的負擔了。

　　這章節呢，我將解決大部分女生都會有的兩個體態問題：

　　1彎腰駝背、**2骨盆前傾**。這兩個問題都會影響人家對妳的觀感，讓妳的氣質大打折扣。

　　所以這兩個體態問題一定要好好調整！而且很多女孩們解決完這兩個體態問題後，不但練就了天鵝頸、美背和平坦小腹，身高還多長了1~2 cm，非常神奇。

　　所以這節課對女孩子來說非常重要，想擁有模氣質，現在開始不許偷懶哦，開始吧！

Part
訓練任務

P1
☐ 喚醒身體
☐ 神經控制
☐ 心肺訓練

P2
☐ 肩背、腰腹初燃脂
☐ 胸、手臂、腰腹初燃脂
☐ 臀腿、腰腹初燃脂

P3
☐ 肩背、腰腹強燃脂
☐ 胸、手臂、腰腹強燃脂
☐ 臀腿、腰腹強燃脂
☐ HIIT 全身燃脂

P4
☐ 肩背、腰腹雕塑
☐ 胸、手臂、腰腹雕塑
☐ 臀腿、腰腹雕塑
☐ 核心肌群鍛鍊

P5
■ 體態調整，改變彎腰駝背、
　骨盆前傾的問題

⚠ 禁忌人群

1　老年人（年齡大於65歲）、孕婦、殘疾人
2　患有糖尿病、心腦血管疾病、肺部疾病以及其他新陳代謝疾病的人群
3　患有骨科傷病且尚未痊癒的人群
4　其他醫囑建議不適合運動的人群

改善彎腰駝背

我們先解決第一個體態問題——「上交叉症候群」。

所謂上交叉症候群其實就是我們常說的「彎腰駝背」，這樣的體型從外觀上看起來頭是往前傾的，還有斜肩、肩膀內縮的狀態，這個體態問題大多數女生都有。

造成彎腰駝背有以下兩個最常見的原因：

1　不良生活習慣養成：3C產品太多，大家都喜歡低頭看手機、低頭看書；或者一天到晚都喜歡靠著，靠在床上，靠在沙發上，像個沙發馬鈴薯，這些姿勢其實都是非常不良的坐姿和躺姿。

2　上班族症候群：只要是長期伏案工作的上班族，也大多會有上交叉綜合征，因為長期坐著，雙手一直在打鍵盤，不容易保持挺胸抬頭、腰背挺直的狀態，所以為了讓自己久坐的身體更舒服，就會用彎腰駝背的姿勢來緩解。

如果維持以上兩種狀態太久、時間過長，會造成胸大肌和上斜方肌緊張，甚至僵硬，除了會造成身體不舒服之外，整體身形看起來也不會挺拔。

所以這個章節特地教了3個動作來改善這個問題。這3個動作都是做一些相應的伸展和訓練來改善彎腰駝背的問題。

TIPS

拉伸時記得不要
聳肩。

1

伸展斜方肌

→ 身體自然站立，左側的手儘量向下伸，右側的手扣住頭部，往左側拉
　伸至對側的斜方肌有拉伸感即可。

→ 如果想加強拉伸的強度，可以在拉伸的基礎上，頭部加一點轉動。

→ 左側做完，換右側拉伸。

伸展胸部肌肉

→ 身體先趴在墊子上，一側手肘和肩關節呈90°，
身體向伸出的手臂方向扭轉，頭也向同側扭轉，
望向遠方，這時妳會感覺到伸出手臂一側的胸部
會有強烈的拉扯感，堅持15秒即可。

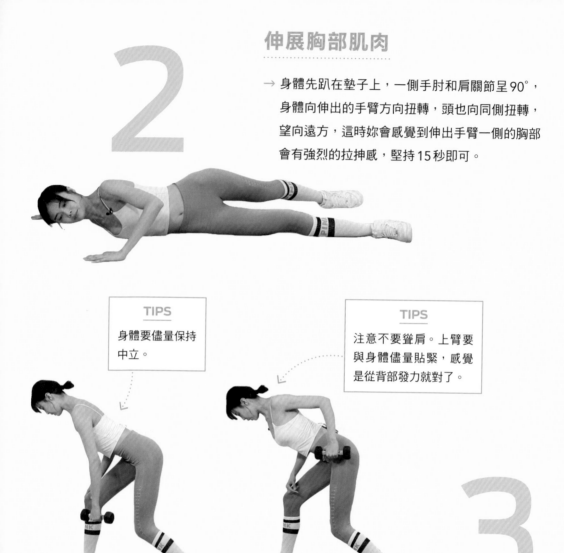

TIPS

身體要儘量保持
中立。

TIPS

注意不要聳肩。上臂要
與身體儘量貼緊，感覺
是從背部發力就對了。

俯身啞鈴單臂划船

→ 左手持啞鈴成站姿，兩腳打開，距離與肩同寬。這時其中一隻腳向後邁
出約1公尺的距離，後側腿部膝蓋微彎，但要注意膝蓋不要彎曲得太多。

→ 微屈膝，這時把重心置於右腳前側，右腿的膝蓋彎曲，把與同側的手掌
放置於右腿的膝蓋上，身體成了一個俯身的姿態。

→ 一邊吐氣，一邊向上拉起手持啞鈴的左手臂，保持均勻的節奏，拉到盡
頭之後再慢慢落下，直至手臂與地面垂直。

改善骨盆前傾

第二個常見的體態問題，就是「下交叉綜合征」，也就是大家常聽到的「骨盆前傾」。骨盆前傾不但會讓妳經常感到腰痠背痛，而且外觀看起來就像是挺著肚子站著，很不雅觀。

在開始動作訓練之前呢，我要先教妳判斷自己有骨盆前傾。很簡單，妳只需要站在鏡子前，然後從側面觀察自己的髖部，也就是臀部的位置。如果妳感覺臀部略微撅起，腹部有隆起，腰部的彎曲程度有超伸，也就是腰部曲度過大，這代表妳很有可能已經有了骨盆前傾的問題。

最容易有骨盆前傾體型問題的人有以下幾種，第一種是有啤酒肚的人，第二種是經常穿高跟鞋的上班族，第三種是懷孕的媽媽。這3種人群的特點就是：重心都靠前。

小腹太大有啤酒肚，或是懷孕的婦女，重心都會在身體的前面。而經常穿高跟鞋的人，重心也都會落在前腳掌上，上半身就會不自覺地被重心往前拉，這個時候為了保持身體平衡，妳的腰就會不自覺地收緊，以保持身體前後的平衡。但其實已經在牽拉妳的骨盆往向前傾了。

別擔心！我幫妳設計了以下2個拉抻動作和2個力量訓練動作來改善這個問題，一起試試吧。

Motor Training
動作訓練

伸展髂腰肌

→ 右腳彎曲膝蓋，左腳做弓箭步跪在墊子
   上。注意前側小腿一定要跟地面垂直，後
   面的腿則儘量往後伸展。

→ 上半身挺直，髖關節儘量往下壓，往下壓
   的時候做吐氣，這時候妳應該感覺到髂腰
   肌有拉伸感，如果這樣就代表動作是正確
   的，堅持10秒鐘，然後換另一側的腿。

> **TIPS**
>
> 在伸展過程中妳會
> 感覺到下背部有明
> 顯的抻拉感。

伸展腰部

→ 平躺於瑜伽墊子上，兩手臂向左右兩側打開，這時右腿屈
   膝，放到左腿的外側，從髖關節開始向對側扭轉，妳的頭要
   轉向扭轉的反方向，讓脊柱形成一個扭轉的態勢。

→ 隨著呼吸，每一次吐氣增加扭轉的幅度，直至無法繼續進行
   扭轉動作為止。

力量訓練動作——臀橋

3

→ 仰臥在墊子上，雙腿屈膝往上抬，將兩側腳尖抬起，腳後跟蹬地板，兩腳腳尖打開呈45°。兩側膝蓋朝腳尖的方向打開，雙手放在骨盆上方的位置。

→ 吐氣，將臀部向上方頂起至與身體成一條直線並收緊，在這個過程中，吐長氣，收緊腹部，感覺可以把腹腔裡的氣都吐出來。

→ 再慢慢將臀部下降回墊上的起始位置。

力量訓練動作——仰臥卷腹

4

→ 仰臥在墊子上，雙腿屈膝，兩腳掌踩地，將雙手放在大腿上。

→ 上半身起身，收下顎，眼睛看肚臍的位置，吐氣的同時，蜷縮腹部，將肩胛骨離開地面即可。

→ 注意吐氣要吐長氣，感受到可以把腹腔裡的氣都吐出來，然後再緩慢躺回地面。

→ 身體微微碰到地面就開始進行第二次卷腹，依次反覆進行。

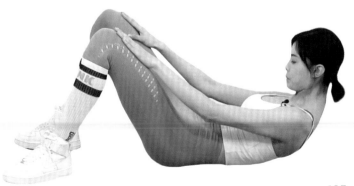

Part 3
小結&預告

本書的訓練課程就到這裡就結束了，如果妳從頭到尾都堅持做了，我為妳由內而外的變化感到開心。

儘管課程結束了，但對妳來說這是新的開始，如果想要擁有超模氣質，還需要我們腳踏實地按節奏訓練，急不得，也偷懶不得。

這本書設計的鍛鍊課程可以幫妳打好好身材的「地基」，但還不足以練到妳的最佳身材，所以想要成為更多人眼中的女神，堅持不斷練習是必不可少的。

最後，我還是想跟大家強調這個理念，健身是一種健康的生活方式，它會讓妳身體健康，每天充滿活力，皮膚緊緻有彈性，身材凹凸有致……等等，帶來數不盡的優點和好處。所以我真的希望妳能跟我一起，堅持練下去，好嗎？

一起加油吧，動起來，為了想要好身材去努力吧！

Part 4
課後彩蛋

增肌減脂菜單

早餐	●無糖燕麥片1小碗（可加入脫脂牛奶或優酪乳中，也可加水煮成燕麥粥）●水煮蛋1顆＋蛋白1顆（煮或蒸）●無糖豆漿200ml（1杯）
午餐	●米飯1小碗（約1個握緊的拳頭大小）●雞胸肉100g（蒸、煮、烤、煎均可，約1個手掌心大小）●非油炸豆製品1塊（約1個手掌心大小）●各類蔬菜1盤（蒸、煮、烤、炒均可，料理時不要加入超過1大匙油脂）●小橘子150g（約1個拳頭大小）（約1個拳頭大小）
晚餐	●水煮玉米100g（1小根）●無糖豆漿100ml（1/2杯）

一起炫耀，今天運動了 二版

95 組超燃脂鍛鍊

作者	李霄雪	出版	幸福文化／遠足文化事業股份有限公司
責任編輯	黃佳燕	地址	231 新北市新店區民權路108-1號8樓
美術設計	TODAY STUDIO	電話	（02）2218-1417
印務	江域平、黃禮賢、林文義、李孟儒	傳真	（02）2221-3532
		郵撥帳號	19504465
總編輯	林麗文	戶名	遠足文化事業股份有限公司
副總編	梁淑玲、黃佳燕		
行銷企劃	林彥伶、朱妍靜	印刷	通南印刷
		法律顧問	華洋國際專利商標事務所 蘇文生律師
社長	郭重興		
發行人兼出版總監	曾大福	二版一刷	2021年10月
		定價	390元

國家圖書館出版品預行編目（CIP）資料

一起炫耀，今天運動了（二版）:95組超燃脂鍛鍊
／李霄雪著. -- 初版. – 新北市：幸福文化出版：
遠足文化發行，2021.10
ISBN 978-986-5536-78-7（平裝）
1.塑身 2.健身運動

425.2　　　　　　　　110009150

本作品中文繁體版通過成都天鳶文化傳播有限公司代理，經北京陽光博客文化藝術有限公司授予遠足文化事業股份有限公司(幸福文化出版)獨家發行，非經書面同意，不得以任何形式，任意重制轉載。